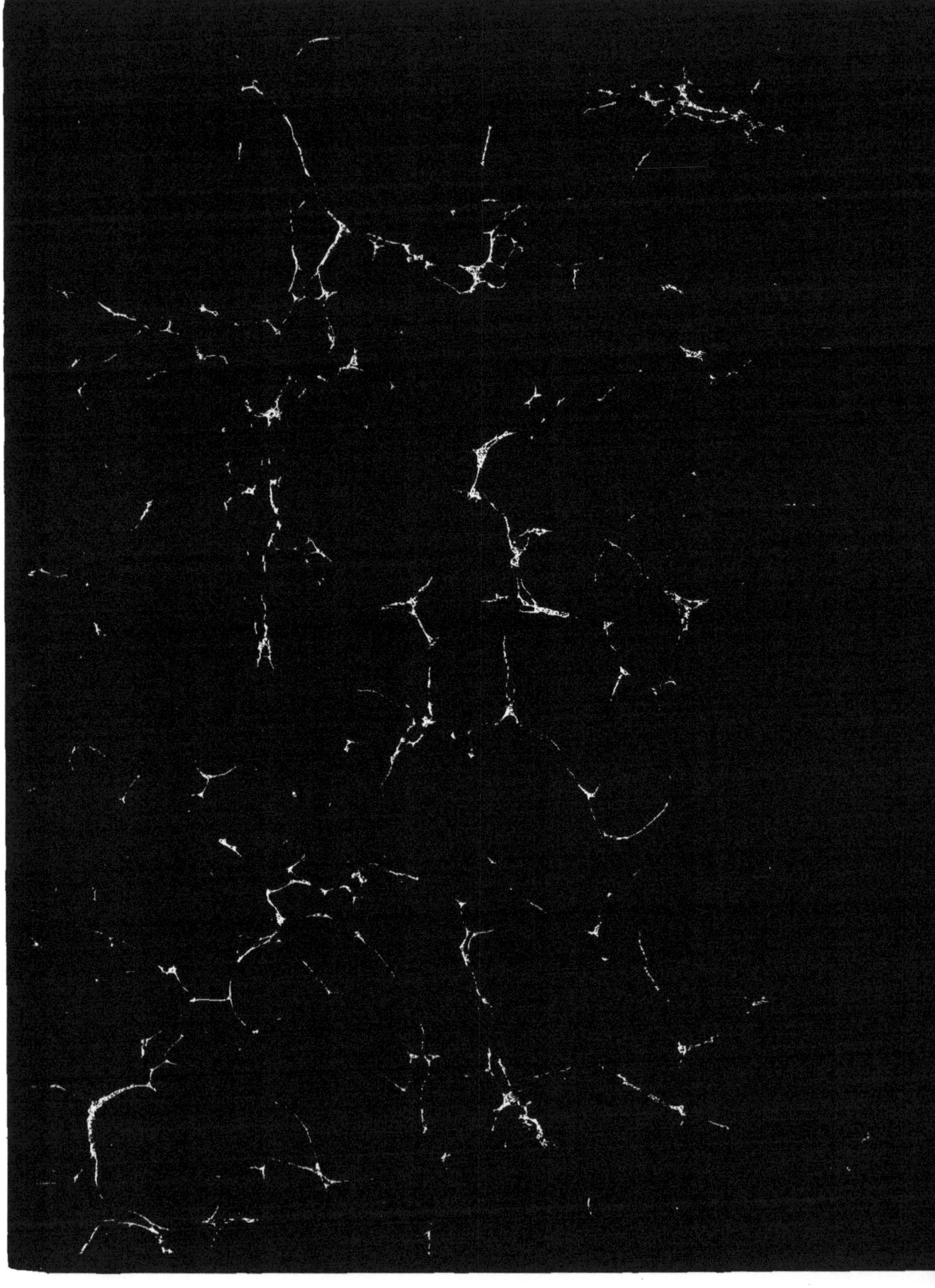

Université de France.

FACULTÉ DES SCIENCES DE STRASBOURG.

DU MOUVEMENT DES PLANÈTES ;

Thèse d'Astronomie,

PRÉSENTÉE

A LA FACULTÉ DES SCIENCES DE STRASBOURG,

ET SOUTENUE PUBLIQUEMENT

Le Jeudi 4 Mai 1843, à deux heures après midi,

POUR OBTENIR LE GRADE DE DOCTEUR ÈS SCIENCES,

PAR

G. CH. REUSS,

DE BOUXWILLER (BAS-RHIN),

Élève-ingénieur des mines, Licencié ès sciences mathématiques et physiques.

STRASBOURG,

De l'imprimerie de V.ᵉ BERGER-LEVRAULT, imprimeur de l'Académie.

1843.

STATUT UNIVERSITAIRE
DU 9 AVRIL 1825.

Article 41.

Pour chaque Thèse le Doyen nomme un Président parmi les pro-
fesseurs devant qui elle sera soutenue. Ce Président examine la Thèse
en manuscrit ; il la signe, et il est garant des principes et des opinions
que la Thèse contient sous le rapport de la religion, de l'ordre public
et des mœurs.

THÈSE D'ASTRONOMIE.

DU MOUVEMENT DES PLANÈTES.

CHAPITRE PREMIER.

Du mouvement elliptique.

§. 1.ᵉʳ Les anciens astronomes plaçaient la terre immobile au centre de l'espace; autour d'elle circulaient d'un mouvement uniforme les sept planètes dans l'ordre suivant : la Lune, Mercure, Vénus, le Soleil, Mars, Jupiter, Saturne. Au delà de l'orbite de Saturne s'étendait la sphère des étoiles fixes. Tout le ciel tournait autour de la terre en vingt-quatre heures, ce qui, faisait supposer une vitesse énorme aux étoiles fixes, car on avait des notions assez exactes sur leur grand éloignement. Les inégalités observées dans la marche des planètes étaient représentées par des combinaisons de cercles, et la représentation des phénomènes se compliquait de plus en plus à mesure que la précision et le nombre des observations augmentaient.

Plusieurs anciens philosophes avaient déjà émis l'opinion que la terre tourne autour d'un axe (NICÉTAS, HÉRACLIDE, ECPHONTE); ARISTARQUE, de Samos, dans un passage cité dans l'Arenarium d'Archimède, dit que la terre tourne autour du soleil dans un cercle incliné à l'équateur, et qu'en outre elle tourne en vingt-quatre heures autour de son axe. Ces opinions passèrent inaperçues, jusqu'à ce que Copernic essaya de les appliquer à l'explication des phénomènes célestes. Par ce moyen les stations et rétrogradations des planètes se trouvaient expliquées en combinant les mouvements de la terre et des planètes autour du soleil; il n'était plus nécessaire de supposer aux étoiles fixes la vitesse immense qu'on leur attribuait dans le système de Ptolémée : le mouvement diurne du ciel s'expliquait simplement par la rotation de la terre. Mais Copernic, fidèle aux anciennes idées, supposait tous les mouvements circulaires et uniformes.

Frappé de l'insuffisance de cette théorie à traduire exactement les observations, Tycho Brahé essaya de la renverser. Mais il employa le moyen le plus sûr pour arriver à la vraie connaissance des lois qui régissent l'univers : il multiplia les observations à l'infini. Il était trop préoccupé de son système pour pouvoir découvrir le véritable; mais ses observations ont été mises à profit par Kepler, qui en a déduit ses trois belles lois. Il trouva que les nombreuses observations de Tycho sur la planète Mars s'expliquaient toutes en supposant que cette planète se meut dans une ellipse dont le soleil occupe l'un des foyers, et que son rayon vecteur décrit des aires proportionnelles au temps (Kepler, *De Stellâ Martis*). Il étendit ce résultat aux autres planètes, et découvrit que les cubes des grands axes des orbites sont proportionnelles aux carrés des temps des révolutions.

Newton a déduit des théorèmes de Huyghens sur la force centrifuge, qu'en supposant les orbites circulaires, les planètes devaient être retenues par une force d'attraction, en raison inverse du carré de la distance au soleil. Pour prouver que telle était la loi de l'attraction solaire dans le cas de la nature, il fallait démontrer qu'une planète, dans ses différentes distances au soleil, tend vers lui réciproquement aux carrés de ces distances, et que cette tendance ne varie pour les différentes planètes qu'à raison de la distance. Newton prouva d'abord que la loi des aires décrites par le rayon vecteur de la planète indique nécessairement une tendance de la planète vers

5

le centre du soleil; il fit voir ensuite que, parce que l'orbite est elliptique, la tendance doit varier en raison inverse du carré du rayon
vecteur. Enfin la troisième loi de KEPLER lui prouva que cette tendance ne varierait pas d'une planète à l'autre, si on les supposait
toutes à la même distance. — Toutes les démonstrations de NEWTON
sont par synthèse. —

Les trois livres de KEPLER furent ainsi ramenés à l'existence d'une
force attractive émanée du soleil, proportionnelle à la masse et réciproque au carré de la distance. Les satellites étant soumis aux mêmes
lois que les planètes, on fut conduit à supposer à chaque planète
une action semblable à celle du soleil. Les théorèmes de NEWTON
sur les attractions des sphéroïdes le conduisirent alors à admettre
que toute molécule de matière est douée d'une force attractive, en
raison inverse du carré de la distance à la molécule attirée et proportionnelle aux masses. Cette belle loi s'est confirmée de plus en plus
depuis NEWTON par des observations mêmes qui semblaient l'infirmer
au premier abord, comme, par exemple, les perturbations et les inégalités séculaires.

Après NEWTON les géomètres ont soumis ses lois et ses résultats à
l'analyse, qui doit ses premiers progrès à LEIBNITZ et aux BERNOUILLI.
EULER, dans un mémoire imprimé dans les Mémoires de l'académie
royale de Berlin pour 1747, p. 93, donne les formules du mouvement
elliptique, en ne considérant qu'une seule planète et le soleil, il
part des formules $\frac{d^2x}{dt^2} = X$, etc., que l'on trouve employées ici pour
la première fois. Il donne le développement de l'anomalie vraie en
fonction des cosinus des multiples de l'anomalie excentrique. Il suppose ensuite que la loi d'attraction diffère tant soit peu de la raison
inverse du carré de la distance, et donne une méthode pour trouver
dans ce cas le mouvement de l'aphélie. Il fait ainsi le premier pas
vers la théorie des perturbations, dont nous nous occuperons plus
tard.

LAGRANGE est le premier qui se soit servi, pour déterminer les circonstances du mouvement elliptique, des 7 intégrales premières des équations différentielles du second ordre. Sa méthode est très-commode, en ce que les éléments de l'orbite elliptique s'expriment immédiatement en fonction des coordonnées et de leurs premières différences. Elle se trouve dans sa théorie des variations séculaires des éléments des planètes, qui est imprimée dans les Mémoires de l'académie de Berlin pour 1781, page 199 et suivantes.

§. 2. Passons maintenant au calcul du mouvement elliptique. La masse du soleil est beaucoup plus grande que celle de toutes les planètes; on peut donc, dans une première approximation, négliger l'action des planètes devant celle du soleil. Pour les satellites, leur masse est aussi beaucoup plus petite que celle de leur planète; en outre leur distance à la planète est incomparablement plus petite que leur distance au soleil; la force perturbatrice du soleil, qui dans ce cas est la différence des actions du soleil sur le satellite et sur sa planète, sera donc encore très-petite par rapport à la force d'attraction de la planète: on pourra donc, dans une première approximation, se contenter de la considération de cette dernière force.

Soit M la masse du soleil, que nous prendrons pour origine des coordonnées, soit m la masse de la planète; la force avec laquelle le soleil sollicite la planète sera proportionnelle à $\dfrac{M}{\varrho^2}$; si on représente par ϱ la distance de deux corps, la planète sollicite l'unité de masse du soleil avec une force proportionnelle à $\dfrac{m}{\varrho^2}$ et dirigée en sens contraire de la précédente; pour que nous puissions supposer le soleil fixe, il faudra appliquer à tout le système une force proportionnelle à $\dfrac{m}{\varrho^2}$ en sens opposé à celui de l'attraction de la planète; par conséquent la planète devra être considérée comme sollicitée par une force proportionnelle à $\dfrac{M+m}{\varrho^2}$ que nous représenterons par $\dfrac{\mu}{\varrho^2}$. A cause de la petitesse de m par rapport à M, on pourra considérer μ comme proportionnel à la masse du soleil.

5

Les trois équations du mouvement seront donc:

$$\frac{d^2x}{dt^2} + \frac{\mu x}{\varrho^3} = 0 \qquad (1)$$

$$\frac{d^2y}{dt^2} + \frac{\mu y}{\varrho^3} = 0 \qquad (2)$$

$$\frac{d^2z}{dt^2} + \frac{\mu z}{\varrho^3} = 0 \qquad (3)$$

§. 3. *Intégrales premières des équations différentielles du numéro précédent.*

Multiplions l'équation (1) par $2\,dx$, l'équation (2) par $2\,dy$, l'équation (3) par $2\,dz$ et ajoutons. L'intégration se fait immédiatement et on trouve:

$$\frac{dx^2}{dt^2} + \frac{dy^2}{dt^2} \frac{dz^2}{dt^2} - \frac{2\mu}{\varrho} + \frac{\mu}{a} = 0 \qquad (4)$$

$\frac{\mu}{a}$ étant une constante arbitraire.

Le principe des aires fournit trois autres équations.

$$y\frac{dx}{dt} - x\frac{dy}{dt} = c \qquad (5)$$

$$z\frac{dy}{dt} - y\frac{dz}{dt} = c' \qquad (6)$$

$$x\frac{dz}{dt} - z\frac{dx}{dt} = c'' \qquad (7)$$

On a ensuite $d\,\dfrac{z}{\varrho} = \dfrac{\varrho\,dz - z\,d\varrho}{\varrho^2} = \dfrac{(x^2+y^2+z^2)\,dz - z\,(x\,dy + y\,dy + z\,dz)}{\varrho^3}$

ou bien $d\dfrac{\mu z}{\varrho} = \dfrac{\mu x}{\varrho^3}(x\,dz - z\,dx) + \dfrac{\mu y}{\varrho^3}(y\,dz - z\,dy) = \dfrac{\mu x}{\varrho^3}c''dt - \dfrac{\mu y}{\varrho^3}c'dt$

Mettant pour $\dfrac{\mu x}{\varrho}$ et pour $\dfrac{\mu y}{\varrho^3}$ leurs valeurs $-\dfrac{d^2x}{dt^2}$ et $-\dfrac{d^2y}{dt^2}$, on

trouve $d\,\dfrac{\mu z}{\varrho} + c''d\dfrac{dx}{dt} - c'd\dfrac{dy}{dt} = 0$.

Par suite, en intégrant, on trouve:

$$c''\frac{dx}{dt} - c'\frac{dy}{dt} + \frac{\mu z}{\varrho} = f \qquad (8)$$

$$c\frac{dy}{dt} - c''\frac{dz}{dt} + \frac{\mu x}{\varrho} = f' \qquad (9)$$

$$c'\frac{dz}{dt} - c\frac{dx}{dt} + \frac{\mu y}{\varrho} = f'' \qquad (10)$$

Les trois équations du §. (2) ne peuvent avoir que 6 intégrales premières distinctes; le temps n'entre pas sous forme finie dans les 7 intégrales ci-dessus, donc elles ne peuvent pas renfermer 6 constantes arbitraires: il faut donc qu'il y ait deux équations de condition entre les 7 constantes $a, c, c', c'', f, f', f''$.

En effet, multiplions l'équation (8) par c, (9) par c', et (10) par c'', ajoutons et il viendra :

$$fc + f'c' + f''c'' = \frac{\mu}{\varrho}(cz + c'x + c''y) = 0 \qquad (11)$$

Voici la première équation de condition.

Si maintenant nous ajoutons les carrés de 3 équations (8), (9) et (10) il vient :

$$(c^2 + c'^2 c''^2)\left(\frac{dy^2}{dt^2} + \frac{dx^2}{dt^2} + \frac{dz^2}{dt^2}\right) - \left(c''\frac{dy}{dt} + c'\frac{dx}{dt} + c\frac{d}{dt}\right)^2 - \frac{2\mu}{\varrho}\left[c'\left(z\frac{dy}{dt} - y\frac{dz}{dt}\right) + c''\left(x\frac{dz}{dt} - z\frac{dx}{dt}\right) + c\left(y\frac{dx}{dt} - x\frac{dy}{dt}\right)\right] + \mu^2 = f^2 + f'^2 + f''^2$$

ou bien

$$(c^2 + c'^2 + c''^2)\left(\frac{dy^2}{dt^2} + \frac{dx^2}{dt^2} + \frac{dz^2}{dt^2} - \frac{2\mu}{\varrho}\right) + \mu^2 - f^2 - f'^2 - f''^2 = 0$$

Or, en vertu de l'équation (4) on a

$$\frac{dx^2}{dt^2} + \frac{dy^2}{dt^2} + \frac{dz^2}{dt^2} - \frac{2\mu}{\varrho} = -\frac{\mu}{a}$$

On a donc la seconde équation de condition

$$a = \frac{\mu(c^2 + c'^2 + c''^2)}{\mu^2 - f^2 - f'^2 - f''^2} \qquad (12)$$

On peut avoir immédiatement deux intégrales finies entre les quantités x, y, z. En effet les équations (5), (6), (7) donnent immédiatement :

$$cz + c'x + c''y = 0 \qquad (13)$$

De même les équations (8), (9), (10) donnent :

$$fz + f'x + f''y = \mu\varrho - (c^2 + c'^2 + c''^2) \qquad (14)$$

Il est encore facile d'avoir une équation différentielle entre ϱ et t. En effet, multiplions l'équation (9) par y et (10) par x, et retranchons, il vient

$$f'y - f''x = c\left(y\frac{dy}{dt} + x\frac{dx}{dt}\right) - \frac{dz}{dt}(c''y + c'x)$$

Or $\qquad c''y + c'x = -cz;$ donc

$$f'y - f''x = c\varrho \frac{d\varrho}{dt} \cdot \quad (15)$$

de même
$$f''z - fy = c'\varrho \frac{d\varrho}{dt} \quad (16)$$

$$fx - f'z = c''\varrho \frac{d\varrho}{dt} \quad (17)$$

Ajoutons maintenant les carrés de ces trois équations, et il vient:

$$f^2(x^2+y^2)+f'^2(y^2+z^2)+f''^2(x^2+z^2)-2ff'xz-2f'f''yx-2ff''yz=(c^2+c'^2+c''^2)\varrho^2\frac{d\varrho^2}{dt^2}$$

ou bien

$$(f^2+f'^2+f''^2)\varrho^2 - (fz+f'x+f''y)^2 = (c^2+c'^2+c''^2)\varrho^2\frac{d\varrho^2}{dt^2}$$

Substituons par $f^2+f'^2+f'^2$ et pour $fz+f'x+f''y$ leurs valeurs tirées des équations (12) et (14) et il viendra :

$$\frac{\mu}{a}\varrho^2 - 2\mu\varrho + c^2 + c'^2 + c''^2 + \varrho^2\frac{d\varrho^2}{dt^2} = 0 \quad (18)$$

§. 4. *Nature de l'orbite.*

L'équation (13) montre que l'orbite est plane. L'intersection de son plan avec celui des xy, ou bien la ligne des nœuds, a pour équation $c'x + c''y = 0$. Soit donc θ la longitude du nœud, l'angle que la ligne des nœuds fait avec l'axe des x, on aura

$$tg\,\theta = -\frac{c'}{c''}$$

Soit ensuite φ l'angle que le plan fait avec le plan des xy, on aura

$$Cos\,\varphi = \frac{c}{\sqrt{c^2+c'^2+c''^2}}$$

ou bien
$$tg\,\varphi = \frac{\sqrt{c'^2+c''^2}}{c}$$

Rapportons maintenant la courbe à des axes situés dans son plan; prenons pour l'un de ces axes la ligne des nœuds. Appelons v l'angle que le rayon vecteur fait avec la ligne des nœuds; les formules de transformation seront:

$$x = \varrho\,Cos\,v\,Cos\,\theta - \varrho\,Sin\,v\,Cos\,\varphi\,Sin\,\theta$$
$$y = \varrho\,Cos\,v\,Sin\,\theta + \varrho\,Sin\,v\,Cos\,\varphi\,Cos\,\theta$$
$$z = \varrho\,Sin\,v\,Sin\,\varphi$$

Substituant ces valeurs dans l'équation (14), on trouve:

$$\varrho\,Cos\,v\,(f'\,Sin\,\theta + f''\,Sin\,\theta) + \varrho\,Sin\,v\,(f\,Sin\,\varphi - f'\,Cos\,\varphi\,Sin\,\theta + f''\,Cos\,\varphi\,Cos\,\theta) = \mu\varrho - (c^2 + c'^2 + c''^2)$$

équation d'une ellipse dont l'origine est le foyer.

Pour avoir les éléments de cette ellipse, posons:

$$f'\,Cos\,\theta + f''\,Sin\,\theta = - p\,Cos\,\varpi$$
$$f\,Sin\,\varphi - f'\,Cos\,\varphi\,Sin\,\theta + f''\,Cos\,\varphi\,Cos\,\theta = - p\,Sin\,\varpi$$

Il viendra:

$$p^2 = f^2 + f'^2 + f''^2 - (f\,Cos\,\varphi + f'\,Sin\,\theta\,Sin\,\varphi - f''\,Cos\,\theta\,Sin\,\varphi)^2$$

Or $fc + f'c' + f''c'' = 0$, et $c = Cos\,\varphi\sqrt{c^2 + c'^2 + c''^2}$

$$c' = Sin\,\varphi\,Sin\,\theta\sqrt{c^2 + c'^2 + c''^2}$$
$$c'' = - Sin\,\varphi\,Cos\,\theta\sqrt{c^2 + c'^2 + c''^2}$$

donc $f\,Cos\,\varphi + f'\,Sin\,\theta\,Sin\,\varphi - f''\,Cos\,\theta\,Sin\,\varphi = 0$

Par suite $\qquad p = \sqrt{f^2 + f'^2 + f''^2}$

Ensuite $\qquad Tg\,\varpi = \dfrac{f\,Sin\,\varphi - f'\,Cos\,\varphi\,Sin\,\theta + f''\,Cos\,\varphi\,Cos\,\theta}{f'\,Cos\,\theta + f''\,Sin\,\theta}$

L'équation de la trajectoire prend alors la forme:

$$- \varrho\sqrt{f^2 + f'^2 + f''^2}\,Cos\,(v - \varpi) = \mu\varrho - (c^2 + c'^2 + c''^2)$$

ou bien

$$\varrho = \frac{\left(\dfrac{c^2 + c'^2 + c''^2}{\mu}\right)}{1 + \left(\dfrac{\sqrt{f^2 + f'^2 + f''^2}}{\mu}\right)Cos\,(v - \varpi)} \qquad (19)$$

Le rapport de l'excentricité au grand axe sera

$$\frac{\sqrt{f^2 + f'^2 + f''^2}}{\mu} = e$$

et le demi paramètre sera $\dfrac{c^2 + c'^2 + c''^2}{\mu}$

par suite le demi-grand axe sera $\dfrac{\mu\,(c^2 + c'^2 + c''^2)}{\mu^2 - f^2 - f'^2 - f''^2}$

Le demi grand axe est donc égal à la constante a en vertu de l'équation de condition (12).

ϖ est l'angle que le rayon vecteur du périhélie fait avec la ligne des nœuds. Soit I l'angle que la projection de ce rayon vecteur fait avec l'axe des x, on aura $tg\,I = \dfrac{y}{x} = \dfrac{sin\,\theta + tg\,\varpi\,Cos\,\varphi\,Cos\,\theta}{Cos\,\theta - tg\,\varpi\,Cos\,\varphi\,sin\,\theta}$

Substituant pour $tg\ \varpi$ sa valeur, il vient :

$$tg\ I = \frac{fd'' + \sin\varphi\ Cos\ \theta\ (f Cos\ \varphi + f' \sin\varphi \sin\theta - f'' Cos\ \theta \sin\varphi)}{f' - \sin\varphi \sin\theta\ (f Cos\ \varphi + f' \sin\varphi \sin\theta - f'' \sin\varphi\ Cos\ \theta)}$$

Or, la quantité entre parenthèses est nulle, comme on vient de voir, donc :

$$tg\ I = \frac{f''}{f'}$$

On aurait pu arriver aux mêmes résultats par un procédé différent. En effet, au périhélie on a $\frac{d\varrho}{dt} = 0$; on peut donc tirer immédiatement de l'équation (15) du numéro précédent :

$$tg\ I = \frac{y\ \text{du périhélie}}{x\ \text{du périhélie}} = \frac{f''}{f'}$$

Ensuite l'équation (18) donne, pour déterminer les rayons vecteurs de l'aphélie et du périhélie, l'équation du second degré :

$$\varrho^2 - 2a\varrho + \frac{a}{\mu}\ (c^2 + c'^2 + c''^2) = 0$$

Le rayon vecteur de l'aphélie est donc $a + a\sqrt{1 - \frac{c^2 + c'^2 + c''^2}{\mu a}}$

et celui du périhélie est $a - a\sqrt{1 - \frac{c^2 + c'^2 + c''^2}{\mu a}}$

Le demi grand axe sera donc a, et le rapport de l'excentricité au demi grand axe sera $\sqrt{1 - \frac{c^2 + c'^2 + c''^2}{\mu a}} = \sqrt{\frac{d^2 + d'^2 + d''^2}{\mu}} = e.$

On retrouve ainsi la valeur du demi-paramètre $a(1 - e^2) = \frac{c^2 + c'^2 + c''^2}{\mu}$

Il reste maintenant à exprimer les coordonnées en fonction du temps. Pour cela reprenons l'équation (18) et remplaçons-y, $c^2 + c'^2 + c''^2$ par sa valeur $\mu a(1 - e^2)$; elle deviendra :

$$\varrho^2 \frac{d\varrho^2}{dt^2} = \mu\left(2\varrho - \frac{\varrho^2}{a} - a(1 - e^2)\right)$$

d'où

$$dt = \frac{\varrho\, d\varrho}{\sqrt{\mu}\ \sqrt{2\varrho - a(1 - e^2) - \frac{\varrho^2}{a}}}$$

Pour intégrer cette équation, posons

$$\varrho = a(1 - e\ Cos\ u)$$

elle deviendra :

$$dt = \sqrt{\frac{a^3}{\mu}}\,(1 - e\,Cos\,u)\,du$$

d'où

$$t = T + \sqrt{\frac{a^3}{\mu}}\,(u - e\,sin\,u)$$

Au périhélie on a $u = 0$, la constante T exprime donc l'instant du passage de la planète au périhélie.

§. 5. Les arbitraires que les intégrations ont introduites dans les équations, sont fonctions des 6 éléments suivants :

1.° a le demi grand axe

2.° e le rapport de l'excentricité au demi grand axe.

  Ces deux constantes dépendent de la nature de l'orbite.

3.° I la longitude de la projection du périhélie.

4.° θ la longitude du nœud

5.° φ l'angle du plan de l'orbite avec le plan des xy

  Ces trois constantes dépendent de la position de l'orbite dans l'espace.

6.° T l'instant du passage au périhélie.

  Cette constante dépend de la position de la planète à un instant déterminé.

Les valeurs des arbitraires en fonction des éléments de l'orbite elliptique sont :

$$c = Cos\,\varphi\,\sqrt{\mu a(1 - e^2)}$$

$$c' = sin\,\varphi\,sin\,\theta\,\sqrt{\mu a(1 - e^2)}$$

$$c'' = -\,sin\,\varphi\,Cos\,\theta\,\sqrt{\mu a(1 - e^2)}$$

$$f = -\,\frac{\mu e\,sin\,\varphi\,sin\,(\theta - I)}{\sqrt{Cos^2\varphi + sin^2\varphi\,sin^2(\theta - I)}}$$

$$f' = \frac{\mu e\,Cos\,\varphi\,Cos\,I}{\sqrt{Cos^2\varphi + sin^2\varphi\,sin^2(\theta - I)}}$$

$$f'' = \frac{\mu e\,Cos\,\varphi\,sin\,I}{\sqrt{Cos^2\,\varphi + sin^2\,\varphi\,sin^2(\theta - I)}}$$

Si les circonstances initiales du mouvement étaient connues, il serait facile de déterminer les éléments de l'orbite. En effet, soit r la distance primitive de la planète au soleil, z son élévation au-dessus du plan fixe. Soit ensuite V la vitesse primitive ; α l'angle qu'elle fait avec le rayon vecteur, et β l'angle qu'elle fait avec le plan fixe. On suppose encore connu l'angle que la projection du rayon vecteur fait avec l'axe des x.

Cela posé, l'équation (4) du §. 3 donnera

$$V^2 = \mu\left(\frac{2}{r} - \frac{1}{a}\right)$$

d'où

$$a = \frac{1}{\dfrac{2}{r} - \dfrac{V^2}{\mu}}$$

Pour que l'orbe soit elliptique, il faut donc que $V^2 < \dfrac{2\mu}{r}$

Pour déterminer l'excentricité, reprenons l'équation :

$$r^2\frac{dr^2}{dt^2} = \mu\left(2r - \frac{r^2}{a} - a(1-e^2)\right)$$

Dans le cas actuel on a $\dfrac{dr^2}{dt^2} = V^2 Cos^2\alpha$

donc $\quad \mu a(1-e^2) = r^2\left(\dfrac{2\mu}{r} - \dfrac{\mu}{a} - V^2 Cos^2\alpha\right) = r^2 V^2 sin^2\alpha$

et par suite $e = \dfrac{1}{\mu}\sqrt{\mu^2 - 2\mu r V^2 sin^2\alpha + r^2 V^4 sin^2\alpha}$

Pour déterminer le périhélie, appelons v l'angle que le rayon vecteur r fait avec celui du périhélie ; on aura :

$$r = \frac{a(1-e^2)}{1+e\,Cos\,v} \quad \text{d'où} \quad Cos\,v = \frac{a(1-e^2)-r}{er}$$

Il reste à déterminer la position de la ligne des nœuds et le plan de l'orbite. Ce plan est déterminé par la direction de r et celle de la vitesse. Soit donc θ_1, l'angle que la ligne des nœuds fait avec le rayon vecteur r ; considérons le triangle formé par la ligne des nœuds, le rayon vecteur et la vitesse ; le côté opposé à l'angle θ_1, sera égal à $\dfrac{z}{sin\,\beta}$; on aura donc la proportion

$$\frac{z}{\sin\beta\sin\theta_1} = \frac{r}{\sin(\theta_1+\alpha)}$$

donc
$$tg\,\theta_1 = \frac{z\sin\alpha}{r\sin\beta - z\,Cos\,\alpha}$$

Maintenant, soit φ l'angle du plan de l'orbite avec le plan fixe, on aura
$$z = r\,Sin\,\theta_1\,Sin\,\varphi$$

donc
$$sin\,\varphi = \frac{\sqrt{r^2\sin^2\beta - 2zr\sin\beta\,Cos\,\alpha + z^2}}{r\sin\alpha}$$

Quant à l'instant du passage au périhélie on a $r = a\,(1 - e\,Cos\,u)$ d'où $Cos\,u = \frac{a-r}{ae}$, par suite

$$T = \sqrt{\frac{a^3}{\mu}}\left(arc\,Cos\,\frac{a-r}{ae} - \frac{1}{a}\sqrt{a^2e^2 - (a-r)^2}\right)$$

§. 6. Rapportons maintenant les coordonnées de la planète au plan de son orbite; prenons pour axe le grand axe de l'ellipse et pour origine des temps l'instant du passage au périhélie. On aura :

$$\varrho = \frac{a\,(1-e^2)}{1+e\,Cos\,v} = a\,(1 - e\,Cos\,u)$$

$$\sqrt{\frac{\mu}{a^3}}\,t = u - e\,sin\,u$$

L'angle $\sqrt{\frac{\mu}{a^3}}\,t$ est celui que l'on appelle *l'anomalie moyenne*; si l'ellipse se réduisait à un cercle, $\sqrt{\frac{\mu}{a^3}}$ serait l'angle décrit par la planète dans l'unité de temps : c'est cette quantité que l'on appelle le *moyen mouvement*. On le représente par n, de sorte que

$$n = \sqrt{\frac{\mu}{a^3}}$$

Le temps d'une révolution sera écoulé quand $nt = 2\pi$, d'où l'on tire pour ce temps la valeur $t = 2\pi\sqrt{\frac{a^3}{\mu}}$. On retrouve ainsi la troisième loi de KEPLER.

L'angle v s'appelle *anomalie vraie*, et u est l'*anomalie excentrique*. Il est facile de voir que si l'on prend sur l'ellipse et sur la circonférence décrite sur le grand axe, deux points correspondants à une même abscisse, que l'on joigne le premier point au foyer, le second au centre, la première ligne fera avec le grand axe un angle v et la seconde l'angle u correspondant.

Les équations du mouvement elliptique seront dans notre hypothèse :

$$nt = u - e\,Sin\,u \qquad (1)$$
$$\varrho = a(1 - e\,Cos\,u) \qquad (2)$$
$$Cos\,v = \frac{Cos\,u - e}{1 - e\,Cos\,u} \qquad (3)$$

De cette dernière équation on peut en tirer deux autres, qui seront utiles dans certains cas :

$$tg\,\frac{1}{2}\,v = \sqrt{\frac{1+e}{1-e}}\;tg\,\frac{1}{2}\,u \qquad (4)$$

et

$$dv = \frac{du\,\sqrt{1-e^2}}{1-e\,Cos\,u} \qquad (5)$$

CHAPITRE II.

Développements des coordonnées en séries.

§. 7. Commençons par développer l'anomalie excentrique en fonction du temps au moyen de la relation :

$$u = nt + e\,Sin\,u$$

On peut employer pour ce développement la formule de LAGRANGE, qui donne y en fonction de x et z, si ces trois variables sont liés par l'équation :
$$y = x + z\,F(y)$$

La valeur de y est :

$$y = x + z\,F(x) + \frac{z^3}{1\cdot2}\frac{dF(x)^2}{dx} + \dots + \frac{z^n}{1.2.3\dots n}\frac{d^{n-1}F(x)^n}{dx^{n-1}} + \dots$$

Dans le cas actuel il suffit de supposer $x = nt$, $z = e$, $F(x) = Sin\,nt$, et on aura

$$u = nt + e\,sin\,nt + \frac{e^2}{1\cdot2}\frac{d.\,sin^2\,nt}{dx} + \dots + \frac{e^n}{1.2.3\dots n}\frac{d^{m-1}sin^m\,nt}{dx^{m-1}} + \dots$$

Il faudrait maintenant exprimer les puissances des Sinus de nt en fonction des Sinus et Cosinus des multiples de nt, et ensuite prendre les dérivées $(m-1)$ de chaque terme.

Une modification à la formule ci-dessus permet aussi de chercher les Sinus et Cosinus des multiples de u.

On peut encore faire le développement en employant la formule de Fourrier. Si nous posons $u - nt = f(nt)$, nous aurons $f(-nt) = -f(nt)$

La formule de Fourrier se réduira donc, dans le cas actuel, à

$$u - nt = f(nt) = \frac{2}{\pi} \, \Sigma_1^\infty \, \sin mnt \int_0^\pi f(\alpha) \sin m\alpha \, d\alpha$$

Or $\quad f(\alpha) = u - \alpha; \quad \alpha = u - e \sin u; \quad d f(\alpha) = du - d\alpha$

$$\int f(\alpha) \sin m\alpha \, d\alpha = -\frac{1}{m} Cos \, ma f(\alpha) + \frac{1}{m} \int Cos \, m\alpha \, df(\alpha) = -\frac{1}{m} Cos \, ma f(\alpha) - \frac{1}{m^2} \sin m\alpha + \frac{1}{m} \int Cos \, m\alpha \, du$$

Or $f(\pi) = 0,\, f(0) = 0$; donc

$$\int_0^\pi f(\alpha) \sin m\alpha \, d\alpha = \frac{1}{m} \int_0^\pi Cos \, m \, (u - e \sin u) \, du$$

Par suite

$$u = nt + \frac{2}{\pi} \, \Sigma_1^\infty \, \frac{\sin mnt}{m} \int_0^\pi Cos \, m (u - e \sin u) \, du$$

Le même calcul donnera le développement de $Sin \, lu$, l étant un nombre entier positif. En effet, soit $Sin \, lu = f(nt)$, on aura encore $f(-nt) = -f(nt)$, donc

$$\sin lu = f(nt) = \frac{2}{\pi} \Sigma_1^\infty \sin mnt \int_0^\pi f(\alpha) \sin m\alpha \, d\alpha$$

On trouvera encore en intégrant par parties

$$\int_0^\pi f(\alpha) \sin m\alpha \, d\alpha = \frac{l}{m} \int_0^\pi Cos \, m (u - e \sin u) \, Cos \, lu \, du$$

Par suite

$$\sin lu = \frac{l}{\pi}\Sigma_1^\infty \frac{\sin mnl}{m}\int_0^\pi Cos\big[(m+l)u - me\sin u\big]du + \frac{l}{\pi}\Sigma_1^\infty \int_0^\pi Cos\big[(m-l)u - me\sin u\big]du$$

On aura donc les deux développements en cherchant la valeur de l'intégrale

$$y = \int_0^\pi Cos\,(pu - me\,Sin\,u)\,du$$

dans laquelle p et m sont des nombres entiers.

Développons cette intégrale suivant les puissances croissantes de e, on aura

$$y = y_0 + e\left(\frac{dy}{de}\right)_0 + \dots + \frac{e^{p+2i}}{1.2\dots(p+2i)}\left(\frac{d^{p+2i}y}{de^{p+2i}}\right)_0 + \dots$$

Or on a :

$$\frac{d^{p+2i}y}{de^{p+2i}} = m^{p+2i}\,(-1)^i\,\frac{(-1)^{\frac{p}{2}}}{(-1)^{\frac{p-1}{2}}}\int_0^\pi \begin{matrix}Cos\\ Sin\end{matrix}\,(pu - me\,Sin\,u)\,Sin^{p+2i}\,u\,du$$

$$\frac{d^{p+2i+1}y}{de^{p+2i+1}} = m^{p+2i+1}\,(-1)^i\,\frac{(-1)^{\frac{p}{2}}}{(-1)^{\frac{p-1}{2}}}\int_0^\pi \begin{matrix}Sin\\ Cos\end{matrix}\,(pu - me\,Sin\,u)\,Sin^{p+2i+1}\,u\,du$$

Les lignes supérieures répondent au cas où p est pair et les lignes inférieures au cas où p est impair.

$$\text{Or}\int Cos\,pu\,Sin^{p+2i}\,u\,du = \frac{1}{p}\,Sin\,pu\,Sin^{p+2i}\,u\,du - \frac{p+2i}{p}\int Sin\,pu\,Sin^{p+2i-1}\,u\,Cos\,u\,du$$

$$\int Sin\,pu\,Sin^{p+2i-1}\,u\,Cos\,u\,du = -\frac{1}{p}\,Cos\,pu\,Sin^{p+2i-1}\,u\,Cos\,u + \frac{p+2i-1}{p}\int Cos\,pu\,Sin^{p+2i-2}\,u\,du - \frac{p+2i}{p}\int Cos\,pu\,Sin^{p+2i}\,u\,du$$

Par suite :

$$\int_0^\pi Cos\,pu\,Sin^{p+2i}\,u\,du = \frac{(p+2i)\,(p+2i-1)}{2^2 i\,(p+i)}\int_0^\pi Sin^{p+2i-2}\,u\,Cos\,pu\,du$$

On trouverait de même

$$\int_0^\pi Sin\, pu\; Sin^{p+2i}\, u\; du = \frac{(p+2i)\,(p+2i-1)}{2^2\, i\,(p+i)} \int_0^\pi Sin\, pu\; Sin^{p+2i-2}\, u\; du$$

donc

$$\int_0^\pi {Cos \atop Sin}\, pu\; Sin^{p+2i}\, u\; du = \frac{(p+2i)\,(p+2i-1 \ldots (p+i+1)}{2^{2i}\;\; 1.\,2.\,3.\,\ldots\, i} \int_0^\pi {Cos \atop Sin}\, pu\; Sin^{p}\, u\; du$$

Un calcul analogue donnerait :

$$\int_0^\pi {Cos \atop Sin}\, pu\; Sin^{p+2i+1}\, u\; du = \frac{p\,(p+1)\ldots(p+2i+1)\,2^{-2i}}{1.\,3.\,5.\ldots(2i+1)\,(2p+1)\,(2p+3)\ldots(2p+2i+1)} \int_0^\pi {Cos \atop Sin}\, pu\; Sin^{p+1}\, u\; du$$

Or il est facile de prouver que l'on a :

$$\int_0^\pi {Cos \atop Sin}\, pu\; Sin^{p-\alpha}\, u\; du = 0$$

$$\int_0^\pi {Cos \atop Sin}\, pu\; Sin^{p}\, u\; du = {(-1)^{\frac{p}{2}} \atop (-1)^{\frac{p-1}{2}}} \frac{\pi}{2}$$

$$\int_0^\pi {Cos \atop Sin}\, pu\; Sin^{p+1}\, u\; du = 0$$

en se rappelant que la ligne supérieure correspond au cas où p est pair et la ligne inférieure au cas où il est impair.

Donc enfin :

$$\left(\frac{d^{p-\alpha}\, y}{de^{p-\alpha}}\right)_0 = 0 \qquad \left(\frac{d^{p+2i}\, y}{de^{p+2i}}\right)_0 = \frac{(-1)^i\, m}{2^{p+2i}}\, \pi\, \frac{(p+2i)\,(p+2i-1)\ldots(p+i+1)}{1.\,2.\,3.\ldots\, i}$$

$$\left(\frac{d^{p+2i+1}\, y}{de^{p+2i+1}}\right)_0 = 0$$

Par suite

$$(1)\ \frac{y}{\pi}=\frac{1}{\pi}\int_0^\pi Cos\,(pu-me\,Sin\,u)\,du=\frac{e^p\times m^p}{2\times1.2.3...p}-\frac{e^{p+2}\,m^{p+2}}{2\times1.2.3...(p+1)\times1}+\frac{e^{p+4}\,m^{p+4}}{2\times1.2.3...(p+2)\times1.2}-....$$

$$+\frac{e^{p+2i}\,m^{p+2i}\,(-1)^i}{2\times1.2.3...(p+i)\times1.2.3...i}+....$$

La valeur de u sera donc

$$u=nt+\overset{\infty}{\underset{1}{\Sigma}}\,Sin\,mnt\left[\frac{e^m\times m^{m-1}}{2\times1.2.3...m}-\frac{e^{m+2}\times m^{m+1}}{2\times1.2.3...(m+1)\times1}+\frac{e^{m+4}\times m^{m+3}}{2\times1.2.3...(m+2)\times1.2}-..\right]$$

Si l'on veut ordonner u suivant les puissances croissantes de e, on aura

$$(2)\ u=nt+e\,Sin\,nt+\frac{e^2}{1.2\times2^1}2^1\,Sin\,2nt+\frac{e^3}{1.2.3\times2^2}\left(3^2\,Sin\,3\,nt-\frac{3}{1}1^2\,Sin\,nt\right)$$

$$+\frac{e^4}{1.2.3.4\times2^3}\left(4^3\,Sin\,4nt-\frac{4}{1}2^3\,Sin\,2nt\right)+\frac{e^5}{1.2.3.4.5\times2^4}\left(5^4\,Sin\,5nt-\frac{5}{1}3^4\,Sin\,3\,nt+\frac{5.4}{1.2}1^4\,Sin\,nt\right)+...$$

$$+\frac{e^m}{1.2.3...m\times2^{m-1}}\left(m^{m-1}\,Sin\,mnt-\frac{m}{1}(m-2)^{m-1}\,Sin\,(m-2)nt+\frac{m(m-1)}{1.2}(m-4)^{m-1}\,Sin\,(m-4)\,nt-...\right.$$

ou bien

$$u=nt+\overset{m=\infty}{\underset{m=1}{\Sigma}}\frac{e^m}{1.2.3...m\times2^{m-1}}\overset{p=\frac{m}{2}}{\underset{p=o}{\Sigma}}\frac{m(m-1)(m-2)....(m-p+1)}{1.2.3.....p}(-1)^p\,(m-2p)^{m-1}\,sin(m-2p)nt$$

On aura $sin\,u$ directement par la valeur de u; car on a

$$sin\,u=\frac{u-nt}{e}=\overset{\infty}{\underset{1}{\Sigma}}\frac{e^{m-1}}{1.2.3...m\times2^{m-1}}\overset{\frac{m}{2}}{\underset{o}{\Sigma}}\frac{m(m-1)(m-2)....(m-p+1)}{1.2.3....p}(-1)^p\,(m-2p)^{m-1}\,sin\,(m-2p)\,nt$$

Quant au développement des sinus des multiples de u, nous aurons:

$$u=l\overset{\infty}{\underset{1}{\Sigma}}sin\,mnt\,\frac{e^{m-l}\times m^{m-l-1}}{2^{m-l}\times1.2...(m-l)}-\frac{e^{m-l+2}\times m^{m-l+1}}{2^{m-l+2}\times1.2...(m-l\times1)\times1}+.....+(-1)^i\frac{e^{m-l+2i}\times m^{m-l+2i-1}}{2^{m-l+2i}\times1.2...(m-l\times1)\times1.2...i}+.....$$

$$\frac{1}{1.2....(m+l)}+\frac{(-1)^l}{1.2....l\times1.2....m}\Big)\frac{e^{m+l}\times m^{m+l-1}}{2^{m+l}}-\Big(\frac{1}{1.2...(m+l+1)}+\frac{(-1)^l}{1.2...(l+1)\times1.2...(m+i)}\Big)\frac{e^{m+l+2}\times m^{m+l+1}}{2^{m+l+2}}+...$$

$$-1)^i\Big(\frac{1}{1.2....(m+l+i)\times1.2....i}+\frac{(-1)^l}{1.2...(l+i)\times1.2...(m+i)}\Big)\frac{e^{m+l+2i}\times m^{m+l+2i-1}}{2^{m+l+2i}}+.....$$

Ordonnons cette valeur par rapport aux puissances croissantes de e, en observant que pour le cas de m plus petit que l, le coefficient de $\sin mnt$ commence par le terme e^{l-m} et non par e^{m-l}.

On aura

$$(3)\quad \sin lu = \sin lnt + \frac{e\,l}{2\times 1}\Big[\sin(l+1)nt - \sin(l-1)nt\Big] + \frac{e^2 l}{2^2\times 1.2}\Big[(l+2)\sin(l+2)nt + (l-2)\sin(l-2)nt - \frac{2}{1}\,l\sin lnt$$

$$+ \frac{e^3 l}{2^3\times 1.2.3}\Big[(l+3)^2\sin(l+3)nt - (l-3)^2\sin(l-3)nt - \frac{3}{1}(l+1)^2\sin(l+1)nt + \frac{3}{1}(l-1)^2\sin(l-1)nt\Big] + \ldots\ldots$$

$$+ \frac{e^m l}{2^m\times 1.2.3\ldots m}\Big[(l+m)^{m-1}\sin(l+m)nt + (-1)^m(l-m)^{m-1}\sin(l-m)nt - \frac{m}{1}(l+m-2)^{m-1}\sin(l+m-2)nt - \frac{m}{1}(-1)^m(l-m+2)\sin(l-m+2)nt +$$

$$+ \ldots\ldots$$

$$+ \frac{e^{l+1} l}{2^{l+1}\times 1.2.3\ldots(l+1)}\Big[(2l+1)^l\sin(2l+1)nt + (-1)^l\sin nt - \frac{l}{1}\Big\{(2l-1)^l\sin(2l-1)nt + (-1)^{l+1} 1^l\sin nt\Big\} + \frac{l(l-1)}{1.1}\Big\{(2l-3)^l\sin(2l-3)nt + (-1)^{l+1} 3^l\sin 3nt\Big\} +$$

$$+ \ldots\ldots$$

Tous ces termes peuvent être compris dans la formule générale

$$\mathrm{Sin}\,lu = \Sigma\,\frac{e^{l+k} l}{2^{l+k}\,1.2\ldots(l+k)}\left|\begin{array}{l}(2l+k)^{l+k-1}\,\mathrm{Sin}\,(2l+k)nt + k^{l+k-1}\,\mathrm{Sin}\,knt\\[4pt] -\frac{l+k}{1}\Big\{(2l+k-2)^{l+k-1}\,\mathrm{Sin}\,(2l+k-2)nt + (k-2)^{l+k-1}\,\mathrm{Sin}\,(k-2)nt\Big\}\\[4pt] +\frac{(l+k)(l+k-1)}{1.2}\Big\{(2l+k-4)^{l+k-1}\,\mathrm{Sin}\,(2l+k-4)nt + (k-4)^{l+k-1}\,\mathrm{Sin}\,(k-4)nt\Big\}\\[4pt] +\ldots\\[4pt] +(-1)^i\,\frac{(l+k)(l+k-1)\ldots(l+k-i+1)}{1.2.3\ldots i}\Big\{(2l+k-2i)^{l+k-1}\,\mathrm{Sin}\,(2l+k-2i)nt\ (k-2i)^{l+k-1}\,\mathrm{Sin}\,(k-2i)nt\Big\}\\[4pt] +\ldots\end{array}\right.$$

Le signe Σ s'étend pour toutes les valeurs entières de k depuis $-l$ jusqu'à ∞. Il faut observer que la formule est supposée arrêtée lorsque $l+k-i+1$ surpasse i de 2 unités, et dans le cas où cette différence ne serait que d'une unité, il ne faut prendre que le terme $(2l+k-2i)^{l+k-1}\,\mathrm{Sin}\,(2l+k-2i)nt$; le second serait une répétition du premier.

On remarquera qu'un sinus quelconque $\mathrm{Sin}\,(k-2i)nt$ sera contenu en général deux fois dans l'expression de $\mathrm{Sin}\,lu$. Il est facile de voir quelle est la somme des coefficients d'un même sinus en faisant

$k - 2i = -k + 2i'$, d'où $i' = k - i$ et par suite la formule donnera les deux termes

$$(-1)^{i} \frac{(l+k)(l+k-1)\ldots(l+k-i+1)}{1.2.3\ldots i} (k-2i)^{l+k-1} Sin (k-2i) nt$$

et $(-1)^{k-i} \frac{(l+k)(l+k-1)\ldots(l+i+1)}{1.2.3\ldots(k-i)} (-1)^{l+k} (k-2i)^{l+k-1} Sin (k-2i) nt$

§. 8. *Développement du rayon vecteur.*

Reprenons les équations $\qquad \varrho = a(1 - e\, Cos\, u)$
$$nt = u - e\, Sin\, u$$

Soit $\frac{\varrho}{a} = f(nt)$, on aura $f(nt) = (-nt)$, et r sera donné par la formule

$$\frac{\varrho}{a} = f(nt) = \frac{1}{\pi}\int_0^\pi f(\alpha)\,d\alpha + \frac{2}{\pi}\Sigma_1^\infty Cos\, mnt \int_0^\pi \varphi(\alpha)\, Cos\, m\alpha\, d\alpha$$

Or $f(\alpha)\,d\alpha = (1 - e\, Cos\, u)^2\, du$, donc $\int_0^\pi f(\alpha)\,d\alpha = \pi\left(1 + \frac{e^2}{2}\right)$

$$\int f(\alpha)\, Cos\, m\alpha\, d\alpha = \frac{1}{m} Sin\, m\alpha f(\alpha) - \frac{1}{m}\int_0^\pi Sin\, m\alpha\, d f(\alpha)$$

donc $\int_0^\pi f(\alpha)\, Cos\, m\alpha\, d\alpha = -\frac{e}{m}\int_0^\pi Sin\, m(u - e\, Sin\, u)\, Sin\, u\, du$

donc enfin

$$\frac{\varrho}{a} = 1 + \frac{e^2}{2} - \frac{2e}{\pi}\Sigma_1^\infty \frac{Cos\, mnt}{m}\int_0^\pi Sin\, m(u - e\, Sin\, u)\, Sin\, u\, du$$

Dans le paragraphe précédent nous avons donné le développement de l'intégrale $\int_0^\pi Cos\, m(u - e\, Sin\, u)\, du = y$; on aura donc

$$\frac{dy}{de} = m\int_0^\pi Sin\, m(u - e\, Sin\, u)\, Sin\, u\, du$$

donc $\varrho = a\left(1 + \dfrac{e^2}{2} - \dfrac{2e}{\pi}\, \Sigma_1\, \dfrac{dy}{de}\, \dfrac{Cos\, mnt}{m^2}\right)$

On aura par suite :

$$(4)\quad \frac{\ell}{a} = 1 + \frac{e^2}{2} - e\, Cos\, nt - \frac{e^2}{2\times 1}\, Cos\, 2\, nt - \frac{e^3}{2^2\times 1.2}\left(3^1\, Cos\, 3\, nt - \frac{3}{1}\, 1^1\, Cos\, nt\right)$$

$$- \frac{e^4}{2^3 + 1.2.3}\left(4^2\, Cos\, 4\, nt - \frac{4}{1}\, 2^2\, Cos\, 2\, nt\right) - \ldots$$

$$- \frac{e^{\overset{m}{}}}{2^{\overset{m-1}{}}\times 1.2\ldots(m-1)}\left(m\overset{m-2}{}\, Cos\, mnt - \frac{m}{1}(m-2)\overset{m-2}{}\, Cos\,(m-2)\, nt + \frac{m\,(m-1)}{1.2}(m-4)\overset{m-2}{}\, Cos\,(m-4)\, nt - \ldots\right)$$

ou bien

$$\frac{\ell}{a} = 1 + \frac{e^2}{2} - e\, Cos\, nt - \sum_{m=2}^{m=\infty}\frac{e^{\overset{m}{}}}{1.2\ldots(m-1)2^{\overset{m-1}{}}}\sum_{p=0}^{p=\frac{m}{2}}\frac{m\,(m-1)\ldots(m-p+1)}{1.2.3\ldots p}(-1)^p\,(m-2p)^{\overset{m-2}{}}\, Sin\,(m-2p)\, nt$$

§. 9. *Développement de l'anomalie vraie.*

Reprenons l'équation (5) du paragraphe 6 :

$$dv = \frac{du\sqrt{1-e^2}}{1-e\, Cos\, u}$$

Développons le dénominateur en une somme de Cosinus des multiples de u, et pour cela représentons par c la base des logarithmes népériens; nous aurons :

$$1 - e\, Cos\, u = \frac{1}{2}\left(2 - e c^{u\sqrt{-1}} - e c^{-u\sqrt{-1}}\right) = -\frac{c^{-u\sqrt{-1}}}{2e}\left(c^{2u\sqrt{-1}} - \frac{2}{e}c^{u\sqrt{-1}} + 1\right)$$

Les racines du polynome $x^2 - \dfrac{2}{e}x + 1$, sont $\dfrac{e}{1+\sqrt{1-e^2}}$ et $\dfrac{1+\sqrt{1-e^2}}{e}$.

Posons $\dfrac{e}{1+\sqrt{1-e^2}} = \lambda$, nous aurons $e = \dfrac{2\times\lambda}{\lambda^2+1}$. Par suite

$$(1 - e\, Cos\, u)^{-1} = \frac{-2c^{u\sqrt{-1}}}{e\left(c^{u\sqrt{-1}} - \lambda\right)\left(c^{u\sqrt{-1}} - \dfrac{1}{\lambda}\right)} = \frac{2\lambda}{e(1-\lambda^2)}\left(\frac{1}{1-\lambda c^{u\sqrt{-1}}} + \frac{\lambda c^{-u\sqrt{-1}}}{1-\lambda c^{-u\sqrt{-1}}}\right)$$

Or $\dfrac{2\lambda}{e(1-\lambda^2)} = \dfrac{1}{\sqrt{1-e^2}}$

$$\frac{1}{1-\lambda c^{u\sqrt{-1}}} = 1 + \lambda c^{u\sqrt{-1}} + \lambda^2 c^{2u\sqrt{-1}} + \ldots$$

$$\frac{\lambda c^{-u\sqrt{-1}}}{1-\lambda c^{-u\sqrt{-1}}} = \lambda c^{-u\sqrt{-1}} + \lambda^2 c^{-2u\sqrt{-1}} + \dots$$

Donc $\dfrac{\sqrt{1-e^2}}{1-e\,Cos\,u} = 1 + 2\lambda\,Cos\,u + 2\lambda^2\,Cos\,2\,u + 2\lambda^3\,Cos\,3\,u + \dots$[*]

L'équation en tête de ce paragraphe, intégrée, en observant que pour $u = o$ on doit avoir $v = o$, donne :

$$v = u + 2\lambda\,Sin\,u + 2\frac{\lambda^2}{2}\,Sin\,2\,u + 2\frac{\lambda^3}{3}\,Sin\,3\,u + \dots + 2\frac{\lambda^l}{l}\,Sin\,lu + \dots$$

Nous avons déjà développé précédemment *Sin lu* en fonction de l'anomalie moyenne suivant les puissances croissantes de e; il reste à développer λ^l suivant les puissances de e.

Pour cela posons $\dfrac{e}{\lambda} = 1 + \sqrt{1+e^2} = x$; x sera donné par l'équation : $x = 2 - \dfrac{e^2}{x}$. Développons en général x ; x étant donné par la formule $x = \alpha - \dfrac{\beta}{x}$. La formule de Lagrange donne le développement de $\varphi(x)$, quand on a $x = \alpha + \beta F(x)$,

$$\varphi(x) = \varphi(x)_0 + \beta\varphi'(x)_0 F(x)_0 + \frac{\beta^2}{1.2}\frac{d.\,F(x)_0^2\varphi'x_0}{d\alpha} + \frac{\beta^3}{1.2.3}\frac{d^2F(x)_0^3\varphi'x_0}{d\alpha^2} + \dots$$

Dans le cas actuel on a $\varphi(x)_0 = \alpha^{-l}, (\varphi'x)_0 = -l\alpha^{-l-1}, F(x)_0 = -\dfrac{1}{\alpha}$

Par suite la formule devient :

$$x^{-l} = \alpha^{-l} + \beta l\alpha^{-l-2} - \frac{\beta^2}{1.2} l\frac{d.\alpha^{-l-3}}{d\alpha} + \frac{\beta^3}{1.2.3} l\frac{d.\alpha^{-l-4}}{d\alpha^2} - \frac{1.2.3.4}{\beta^4} l\frac{d^3\alpha^{-l-5}}{d\alpha^3} + \dots$$

ou bien

$$x^{-l} = \alpha^{-l} + \beta l\alpha^{-l-2} + \frac{l(l+3)}{1.2}\beta^2\alpha^{-l-4} + \frac{l(l+4)(+5)}{1.2.3}\beta^3\alpha^{-l-6} + \frac{l(l+5)(l+6)(l+7)}{1.2.3.4}\beta^4\alpha^{-l-8} + \dots$$

Dans le cas actuel, nous avons $\alpha = 2$, $\beta = e^2$, $x^{-l} e^l = \lambda^l$, par suite

$$\lambda^l = \left(\frac{e}{2}\right)^l + l\left(\frac{e}{2}\right)^{l+2} + \frac{l(l+3)}{1.2}\left(\frac{e}{2}\right)^{l+4} + \frac{l(l+4)(l+5)}{1.2.3}\left(\frac{e}{2}\right)^{l+6} + \dots$$

---

[*] Euler, Recherches sur le mouvement des corps célestes. Mémoires de l'Académie de Berlin pour 1747, page 93.

Par suite

$$\lambda = \frac{e}{2} + \frac{e^3}{8} + \frac{e^5}{16} + \frac{5e^7}{128} + \dots$$

$$\lambda^2 = \frac{e^2}{4} + \frac{e^4}{8} + \frac{5e^6}{64} + \dots$$

$$\lambda^3 = \frac{e^3}{8} + \frac{3e^5}{32} + \frac{9e^7}{128} + \dots$$

et ainsi de suite.

En faisant les substitutions et en réduisant les termes semblables, on trouve pour v la valeur suivante :

$$v = nt + 2e \sin nt + \frac{5}{4} e^2 \sin 2 nt$$

$$+ e^3 \left(\frac{13}{12} \sin 3 nt - \frac{1}{4} \sin nt \right) + e^4 \left(\frac{103}{96} \sin 4 nt - \frac{11}{24} \sin 2 nt \right)$$

$$+ e^5 \left(\frac{1097}{960} \sin 5 nt - \frac{43}{64} \sin 3 nt + \frac{5}{96} \sin nt \right)$$

$$+ e^6 \left(\frac{1223}{960} \sin 6 nt - \frac{451}{480} \sin 4 nt + \frac{17}{192} \sin 2 nt \right)$$

$$+ e^7 \left(\frac{47273}{32256} \sin 7 nt - \frac{5957}{4608} \sin 5 nt + \frac{95}{512} \sin 3 nt + \frac{107}{4608} \sin nt \right)$$

§. 10. Rapportons maintenant l'orbite à un plan fixe peu incliné à celui de l'orbite elle-même. Soit φ l'inclinaison des deux plans; soit θ la longitude du nœud sur le plan fixe. Soit β la longitude du nœud comptée sur le plan fixe, de sorte que θ est la projection de β. Soit v_1 la projection de v sur le plan fixe; soit r la projection de ϱ.

On aura :

$$tg\,(v_1 - \theta) = Cos\,\varphi \; tg\,(v - \beta)$$

Cette équation est semblable à l'équation (4) du N.° 6

$$tg\,\frac{1}{2} v = \sqrt{\frac{1+e}{1-e}}\; tg\,\frac{1}{2} u$$

Il suffit de changer $\frac{1}{2} v$ en $v_1 - \theta$, $\sqrt{\frac{1+e}{1-e}}$ en $Cos\,\varphi$ et $\frac{1}{2} u$ en $(v - \beta)$

Or le développement de cette équation est :

$$v = u + 2 \frac{\lambda}{1} \sin u + 2 \frac{\lambda^2}{2} \sin 2 u + 2 \frac{\lambda^3}{3} \sin 3 u = \dots$$

λ étant égal à $\frac{e}{1+\sqrt{1-e^2}}$. Or on a:

$$\lambda = \frac{2e}{2+2\sqrt{1-e^2}} = \frac{(1+e)-(1-e)}{(\sqrt{1+e}+\sqrt{1-e})^2} = \frac{\sqrt{\frac{1+e}{1-e}}-1}{\sqrt{\frac{1+e}{1-e}}-1}$$

Il suffit donc de remplacer λ par $\frac{Cos\,\varphi-1}{Cos\,\varphi+1}$ ou par $-tg^2\frac{\varphi}{2}$, pour avoir le développement de $v_1-\theta$ en fonction de $v-\beta$. On aura ainsi

$$v_1-\theta = v-\beta - tg^2\frac{\varphi}{2}\,Sin\,2(v-\beta)+\frac{1}{2}\,tg^4\frac{\varphi}{2}\,Sin\,4(v-\beta)-\frac{1}{3}\,tg^6\,\frac{\varphi}{2}\,Sin\,6\,(v-\beta)+\ldots.$$

Lagrange donne cette formule dans les Mémoires de l'Académie de Berlin pour 1776, p. 219. Il y donne aussi les développements des Sinus des multiples de l'angle x, quand cet angle est donné par la formule $tg\,x = m\,tg\,y$. Pour cela il pose $\frac{1-m}{1+m}=\theta$, et il se sert de la relation $e^{-2\mu x\sqrt{-1}} = \left(\frac{e^{-2y\sqrt{-1}}+\theta}{\theta e^{-2y\sqrt{-1}}+1}\right)^{\mu}$, et le problème se trouve réduit à trouver la série:

$$\left(\frac{u+\theta}{\theta u+1}\right)^{\mu} = A+Bu+Cu^2+Du^3+\ldots..$$

On peut y arriver en mettant la fraction sous la forme:

$$\left(\frac{u+\theta}{\theta u+1}\right) = \theta + \frac{u(1-\theta^2)}{1+\theta u}\ ;\ \text{par suite:}$$

$$\left(\frac{u+\theta}{\theta u+1}\right)^{\mu} = \theta^{\mu} + \mu\theta^{\mu-1}\,\frac{(1-\theta^2)\,u}{1+\theta u} + \frac{\mu(\mu-1)}{2}\,\theta^{\mu-2}\,\frac{(1-\theta^2)^2\,u^2}{(1+\theta u)^2} + \ldots.$$

Il faudrait maintenant développer les puissances négatives de $1+\theta u$. On trouve ainsi pour le coefficient de u^l:

$$\mu\theta^{\mu+l-2}(1-\theta^2)-(l-1)\frac{\mu(\mu-1)}{1.2}\theta^{\mu+l-4}(1-\theta^2)^2+\frac{(l-1)(l-2)}{1.2}\frac{\mu(\mu-1)(\mu-2)}{1.2.3.}\theta^{\mu+l-6}(1-\theta^2)^3-\ldots$$

On peut arriver à la même formule d'une autre manière, qui donne l'occasion de sommer une suite qui se présente dans la formation de la puissance m^e d'un polynome. Nous avons à chercher les Sinus et Cosinus des multiples de l'angle v, et pour cela nous avons les formules.

$$Cos\,v = \frac{Cos\,u - e}{1 - e\,Cos\,u} \qquad\qquad Sin\,v = \frac{Sin\,u\sqrt{1-e^2}}{1 - e\,Cos\,u}$$

et $\dfrac{\sqrt{1-e^2}}{1 - e\,Cos\,u} = 1 + 2\lambda\,Cos\,u + 2\lambda^2\,Cos\,2u + 2\lambda^3\,Cos\,3u + \ldots$

On en tire facilement :

$$Sin\,v = (1 - \lambda^2)(Sin\,u + \lambda\,Sin\,2u + \lambda^2\,Sin\,3u + \lambda^3\,Sin\,4u + \ldots)$$
$$Cos\,v = -\lambda + (1 - \lambda^2)(Cos\,u + \lambda\,Cos\,2u + \lambda^2\,Cos\,3u + \lambda^3\,Cos\,4u + \ldots)$$

Par suite :

$$Cos\,v + \sqrt{1} - Sin\,v = c^{\,v\sqrt{-1}} = -\lambda + (1-\lambda^2)\left(c^{\,u\sqrt{-1}} + \lambda c^{\,2u\sqrt{-1}} + \lambda^2 c^{\,3u\sqrt{-1}} + \lambda^3 c^{\,4u\sqrt{-1}} + \ldots\right)$$

et $Cos\,k(v-\beta) + \sqrt{-1}\,Sin\,k(v-\beta) = c^{\,kv\sqrt{-1}} \times c^{\,-k\beta\sqrt{-1}}$

Il faut donc développer :

$$c^{\,kv\sqrt{-1}} = \left[-\lambda + (1-\lambda^2)(c^{\,u\sqrt{-1}} + \lambda c^{\,2u\sqrt{-1}} + \lambda^2 c^{\,3u\sqrt{-1}} + \ldots)\right]^k$$

Soit X le coefficient de $1-\lambda^2$ et nous aurons :

$$c^{\,kv\sqrt{-1}} = (-\lambda)^k + k(-\lambda)^{k-1}(1-\lambda^2)X + \frac{k(k-1)}{1.2}(-\lambda)^{k-2}(1-\lambda^2)^2 X^2 + \ldots$$

Cherchons quel sera dans ce développement le coefficient du terme $c^{\,lu\sqrt{-1}}$.

Dans X ce terme sera λ^{l-1}.

Dans X^2 ce sera : $1.\lambda^{l-2} + \lambda.\lambda^{l-3} + \lambda^2\lambda^{l-4} + \ldots + \lambda^{l-2}\,1 = (l-1)\lambda^{l-2}$

par suite $X^2 = \Sigma(l-1)\lambda^{l-2}c^{\,lu\sqrt{-1}}$

Multiplions X^2 par X terme à terme, et nous aurons :

$$X^3 = \Sigma\lambda^{l-3}c^{\,lu\sqrt{-1}}\left[(l-2) + (l-3) + (l-4) + \ldots + 1\right] = \Sigma\lambda^{l-3}\frac{(l-1)(l-2)}{1.2}c^{\,lu\sqrt{-1}}$$

de même

$$X^4 = \Sigma\,\lambda^{l-4}\left[\frac{(l-2)(l-3)}{1.2} + \frac{(l-3)(l-4)}{1.2} + \ldots + \frac{3.2}{1.2} + \frac{2.1}{1.2}\right]c^{\,lu\sqrt{-1}}$$

On est donc conduit à sommer des expressions de la forme.

$$\frac{l(l-1)\ldots(l-\alpha+1)}{1.2.3\ldots\alpha} + \frac{(l-1)(l-2)\ldots(l-\alpha)}{1.2.3\ldots\alpha} + \ldots + \frac{\alpha(\alpha-1)\ldots3.2.1}{1.2.3\ldots\alpha} = S$$

Multiplions tous ces termes par $\alpha+1$, c'est-à-dire

le premier par $(l+1)-(l-\alpha)$

le second par $(l)-(l-\alpha-1)$

le troisième par $(l-1)-(l-\alpha-2)$

l'avant-dernier par $(\alpha+2)-(1)$

le dernier par $(\alpha+1)$

et nous aurons :

$$\begin{aligned}
S(\alpha+1) = {}& \frac{(l+1)l(l-1)\ldots(l-\alpha+1)}{1.2.3\ldots\alpha} - \frac{l(l-1)\ldots(l-\alpha+1)(l-\alpha)}{1.2.3\ldots\alpha} \\
& + \frac{l(l-1)(l-2)\ldots(l-\alpha)}{1.2.3\ldots\alpha} - \frac{(l-1)(l-2)\ldots(l-\alpha)(l-\alpha-1)}{1.2.3\ldots\alpha} \\
& + \ldots \ldots \ldots - \frac{(\alpha+1)\alpha(\alpha-1)\ldots3.2.1}{1.2.3\ldots\alpha} \\
& + \frac{(\alpha+1)\alpha\ldots3.2.1}{1.2.3\ldots\alpha}
\end{aligned}$$

En faisant la somme des termes ainsi décomposés on trouve :

$$S(\alpha+1) = \frac{(l+1)l(l-1)\ldots(l-\alpha+1)}{1.2.3\ldots\alpha}; \quad \text{par suite}$$

$$\frac{l(l-1)(l-2)\ldots(l-\alpha+1)}{1.2.3\ldots\alpha} + \frac{(l-1)(l-2)\ldots(l-\alpha)}{1.2.3\ldots\alpha} + \ldots + \frac{\alpha(\alpha-1)\ldots3.2.1}{1.2.3\ldots\alpha} = \frac{(l+1)l(l-1)\ldots(l-\alpha+1)}{1.2.3\ldots(\alpha+1)}$$

Par suite $X^4 = \Sigma\, \lambda^{l-4}\, c^{\,lu\sqrt{-1}}\, \dfrac{(l-1)(l-2)(l-3)}{1.2.3}$

De même $X^i = \Sigma\, \lambda^{l-i}\, c^{\,lu\sqrt{-1}}\, \dfrac{(l-1)(l-2)\ldots(l-i+1)}{1.2.3\ldots(i-1)}$

Le coefficient de $c^{\,lu\sqrt{-1}}$ sera donc, comme ci-dessus :

$$(-1)^{k-1}(1-\lambda^2)\,\lambda^{k+l-2}\,k + (-1)^{k-2}(1-\lambda^2)^2\,\lambda^{k+l-4}\,\frac{k(k-1)}{1.2}(l-1) +$$

$$+ (-1)^{k-3}(1-\lambda^2)^3\,\lambda^{k+l-6}\,\frac{k(k-1)(k-2)}{1.2.3}\,\frac{(l-1)(l-2)}{1.2} + \ldots\ldots$$

$$+ (-1)^{\alpha}(1-\lambda^2)^{k-\alpha}\,\lambda^{l-k+2\alpha}\,\frac{k(k-1)\ldots(\alpha+1)}{1.2.3\ldots(k-\alpha)}\,\frac{(l-1)(l-2)\ldots(l-k+\alpha+1)}{1.2.3\ldots(k-\alpha-1)} + \ldots$$

$$+(1-\lambda^2)^k\, \lambda^{l-k}\ \frac{(l-1)(l-2)\dots(l-k+1)}{1.2.3\dots(k-1)}$$

Pour avoir le développement de v_1 ordonné suivant les puissances croissantes de e, il faut d'abord ordonner ce coefficient suivant les puissances de λ. Prenons les termes affectés de $\lambda^{l-k+2\alpha}$. Ces termes ont le facteur commun :

$$(-1)^\alpha\, k\, \frac{(l-1)(l-2)\dots(l-k+\alpha+1)}{1.2.3\dots(k-\alpha)}$$

et ce facteur multiplie la somme des termes :

$$\frac{(k-1)(k-2)\dots(\alpha+1)}{1.2.3\dots(k-\alpha-1)}+\frac{(k-1)(k-2)\dots\alpha}{1.2.3\dots(k-\alpha)}(l-k+\alpha)+\frac{(k-1)(k-2)\times\dots\times(\alpha-1)(l-k+\alpha)(l-k+\alpha-1)}{1.2.3\dots(k-\alpha+1)}\cdot\frac{}{1.2}$$
$$+\dots+\frac{(l-k+\alpha)(l-k+\alpha-1)\dots(l-k+1)}{1.2.3\dots\alpha}=f(k)$$

Pour sommer ces termes, mettons

dans le premier $(\alpha)+(k-\alpha-1)$ pour $k-1$.

dans le second $(\alpha-1)+(k-\alpha)$

dans le troisième $(\alpha-2)+(k-\alpha+1)$

dans l'avant-dernier $(1)+k-2$.

Il viendra :

$$f(k)=\frac{(k-2)(k-3)\dots(\alpha+1)}{1.2.3\dots(k-\alpha-2)}+\frac{(k-2)(k-3)\dots\alpha}{1.2.3\dots(k-\alpha-1)}+\frac{(k-2)(k-3)\dots\alpha(\alpha-1)}{1.2.3\dots(k-\alpha)}(l-k+\alpha)+\dots$$
$$+\frac{(l-k+\alpha)(l-k+\alpha-1)\dots(l-k+2)}{1.2.3\dots(\alpha-1)}+\frac{(k-2)(k-3)\dots\alpha}{1.2.3\dots(k-\alpha-1)}(l-k+\alpha)+\frac{(k-2)(k-3)\dots\alpha(\alpha-1)}{1.2.3\dots(k-\alpha)}$$
$$\frac{(l-k+\alpha)(l-k+\alpha-1)}{1.2}+\dots+\frac{(l-k+\alpha)(l-k+\alpha-1)\dots(l-k+1)}{1.2.3\dots(\alpha-1)\alpha}$$

ou bien, en réduisant :

$$f(k)=\frac{(k-2)(k-3)\dots(\alpha+1)}{1.2.3\dots(k-\alpha-2)}+\frac{(k-2)(k-3)\dots\alpha}{1.2.3\dots(k-\alpha-1)}(l-k+\alpha+1)+\frac{(k-2)(k-3)\dots(\alpha-1)}{1.2.3\dots(k-\alpha)}$$
$$\frac{(l-k+\alpha+1)(l-k+\alpha)}{1.2}+\dots+\frac{(l-k+\alpha+1)(l-k+\alpha)\dots(l-k+2)}{1.2.3\dots\alpha}$$

Or cette seconde expression de $f(k)$ ne diffère de la première qu'en ce que k y est changé en $k-1$. Donc $f(k)=f(k-1)$; de même $f(k-1)=f(k-2)$ et ainsi de suite; on aura donc la valeur de $f(k)$ en y faisant $k=1$ par exemple, car sa valeur est la même quelque valeur que l'on donne à k, c'est-à-dire elle est indépendante de k; donc $f(k)=\dfrac{l(l+1)(l+2)\dots(l+\alpha-1)}{1.2.3\dots\alpha}$

Par suite le coefficient de $\lambda^{l-k+2\alpha}$ est :

$$(-1)^{\alpha} k \frac{(l+\alpha-1)(l+\alpha-2)\ldots(l+1)\,l(l-1)\ldots(l-k+\alpha+2)(l-k+\alpha+1)}{1.2.3\ldots\alpha\times1.2.3\ldots(k-\alpha)}$$

Le coefficient du premier terme λ^{l+k} s'obtient en faisant $\alpha = K$; il est :

$$(-1)^{k} \frac{(l+1)(l+2)\ldots(l+k-1)}{1.2.3\ldots(k-1)}$$

Le coefficient du dernier terme λ^{l-k} s'obtient en faisant $\alpha = 0$; il est :

$$\frac{(l-1)(l-2)\ldots(l-k+1)}{1.2.3\ldots(k-1)}$$

Par suite le coefficient de $c^{lu\sqrt{-1}}$ dans le développement de $c^{kv\sqrt{-1}}$ sera :

$$\sum_{\alpha=0}^{\alpha=k} \lambda^{l-k+2\alpha} (-1)^{\alpha} k \frac{(l+\alpha-1)(l+\alpha-2)\ldots(l-k+\alpha+2)(l-k+\alpha+1)}{1.2.3\ldots\alpha\times1.2.3\ldots(k-\alpha)}$$

Le développement total sera donc :

$$c^{kv\sqrt{-1}} = \sum_{l=0}^{l=\infty} c^{lu\sqrt{-1}} \sum_{\alpha=0}^{\alpha=k} k\lambda^{l-k+2\alpha} (-1)^{\alpha} \frac{(l+\alpha-1)(l+\alpha-2)\ldots(l-k+\alpha+2)(l-k+\alpha+1)}{1.2.3\ldots\alpha\times1.2.3\ldots(k-\alpha)}$$

On peut mettre le terme général sous une autre forme, qui est en général plus compliquée, mais qui devient plus simple si l est plus petit que k. Cette forme s'obtient en mettant la fraction sous la forme :

$$\frac{(l+\alpha-1)(l+\alpha-2)\ldots k(k-1)\ldots(l-k+\alpha+1)}{1.2.3\ldots(l-k+\alpha)(l-k+\alpha+1)\ldots\alpha\times1.2.3\ldots(k-\alpha)}$$

on obtient alors :

$$\frac{k(k+1)\ldots(\alpha+l-2)(\alpha+l-1)}{1.2.3\ldots(\alpha+l-k)} \times \frac{k(k-1)\ldots(\alpha+2)(\alpha+1)}{1.2.3\ldots(k-\alpha)}$$

Si l est plus grand que k il y a des facteurs communs au dénominateur de la première fraction et au numérateur de la seconde.

On trouvera ainsi :

$$Sin\,k(v-\beta) = -(-1)^{k}\lambda^{k}\,Sin\,k\beta + k(-1)^{k}(\lambda^{k+1} - \lambda^{k-1})\,Sin\,(u-k\beta)$$
$$+ (-1)^{k}\left(\frac{k(k+1)}{1.2}\lambda^{k+2} - \frac{k}{1}\frac{k}{1}\lambda^{k} + \frac{k(k-1)}{1.2}\lambda^{k-2}\right)Sin\,(2u-k\beta)$$

$$+ (-1)^k \left(\frac{(k+1)(k+2)}{1.2.3.} \lambda^{k+3} - \frac{k(k+1)}{1.2} \frac{k}{1} \lambda^{k+} + \frac{k}{1} \frac{k(k-1)}{1.2} \lambda^{k-1} - \frac{k(k-1)(k-2)}{1.2.3.} \lambda^{k-3} \right) Sin\,(3u - k\beta)$$

$$+ \ldots + Sin\,(lu - k\beta) \sum k \lambda^{l-k+2\alpha} (-1)^\alpha \frac{(l+\alpha-1)(l+\alpha-2)\ldots(l-k+\alpha+1)}{1.2.3\ldots\alpha \times 1.2.3\ldots(k-\alpha)} + \ldots\ldots$$

La valeur de $Sin\,k\,(v - \beta)$, ordonnée suivant les puissances croissantes de λ, sera donc :

$$Sin\,k(v - \beta) = Sin\,(ku - k\beta) + \lambda \left[k\,Sin\,(ku + u - k\beta) - k\,Sin\,(ku - u - k\beta) \right]$$

$$+ \lambda^2 \left[\frac{k(k+1)}{1.2} Sin\,(ku + 2u - k\beta) - \frac{k}{1}\frac{k}{1} Sin\,(ku - k\beta) + \frac{k(k-1)}{1.2} Sin\,(ku - 2u - k\beta) \right]$$

$$+ \ldots$$

$$+ \lambda^l \sum_{\alpha = o}^{\alpha = k} Sin\,(lu + ku - 2\alpha u - k\beta)\, k\,(-1)^\alpha \frac{(l+k-\alpha-1)(l+k-\alpha-2)\ldots(l-\alpha+1)}{1.2.3\ldots\alpha \times 1.2.3\ldots(k-\alpha)}$$

La valeur de $Sin\,(lu - k\beta)$ peut être obtenue facilement par la formule de Fourrier. En effet on a :

$$Sin\,(lu - k\beta) = Sin\,lu\,Cos\,k\beta - Cos\,lu\,Sin\,k\beta$$

$$Sin\,lu = \frac{l}{\pi} \sum \frac{Sin\,mnt}{m} \int_0^\pi Cos\left[(m - l)u - me\,Sin\,u\right] du + \frac{l}{\pi} \sum \frac{Sin\,mnt}{m} \int_0^\pi Cos\left[(m + l)u - me\,Sin\,u\right] du$$

$$Cos\,lu = \frac{l}{\pi} \sum \frac{Cos\,mnt}{m} \int_0^\pi Cos\left[(m - l)u - me\,Sin\,u\right] du - \frac{l}{\pi} \sum \frac{Cos\,mnt}{m} \int_0^\pi Cos\left[(m + l)u - me\,Sin\,u\right] du$$

Par suite

$$Sin(lu - k\beta) = \frac{l}{\pi} \sum \frac{Sin(mnt - k\beta)}{m} \int_0^\pi Cos\left[(m-l)u - me\,Sin\,u\right] du + \frac{l}{\pi} \sum \frac{Sin(mnt + k\beta)}{m} \int_0^\pi Cos\left[(m+l)u - me\,Sin\,u\right] du$$

Nous avons donné précédemment le développement de l'intégrale définie $\int_0^\pi Cos\,(pu - me\,Sin\,u)\, du$; on aura donc $Sin\,(lu - k\beta)$ en fonction de l'anomalie moyenne. Pour avoir $Sin\,k\,(v - \beta)$, il suffira de remplacer les puissances de λ par leurs développements qui ont été donnés précédemment. Substituant les valeurs ainsi trouvées dans l'expression de v_1, on aura v_1 en fonction de l'anomalie moyenne, de l'excentricité et de la tangente de la moitié de l'inclinaison des deux plans.

En faisant les substitutions indiquées, on trouvera:

$$Sin\, 2\, (v-\beta) = Sin\, (2nt-2\beta) + 2e\left[Sin\, (3nt-2\beta) - Sin\, (nt-2\beta)\right]$$

$$+ e^2\left[\frac{13}{4}\, Sin\, 4nt-2\beta) - 4\, Sin\, (2nt-2\beta) - \frac{1}{4}\, Sin\, 2\beta\right]$$

$$+ e^3\left[\frac{59}{12}\, Sin(5nt-2\beta) - \frac{27}{16}\, Sin(3nt-2\beta) + \frac{7}{4}\, Sin(nt-2\beta) - \frac{1}{12}\, Sin(nt+2\beta)\right]$$

$$+ e^4\left[\frac{115}{16}\, Sin(6nt-2\beta) - \frac{259}{24}\, Sin\, (4nt-2\beta) + \frac{55}{16}\, Sin\, (2nt\_2\beta) - \frac{1}{8}\, Sin\, 2\beta - \frac{5}{64}\, Sin(2nt+2\beta)\right]$$

$$+ \ldots$$

$$Sin\, 4\, (v-\beta) = Sin(4nt-4\beta) + 4e\left[Sin\, (5nt-4\beta) - Sin\, (3nt-4\beta)\right]$$

$$+ e^2\left[\frac{21}{2}\, Sin\, (6nt-4\beta) - 16\, Sin(4nt-4\beta) + \frac{11}{12}\, Sin\, (2nt-4\beta)\right]$$

$$+ \ldots$$

On peut remplacer les angles β du second membre en fonction de l'angle θ, en observant que θ est la projection de β, et que par suite on a: $\qquad tg\,\theta = Cos\,\varphi\, tg\,\beta,\qquad$ ou bien

$$\beta = \theta + tg^2\frac{\varphi}{2}\, Sin\, 2\,\theta + \frac{1}{2}\, tg^4\frac{\varphi}{2}\, Sin\, 4\theta + \frac{1}{3}\, tg^6\frac{\varphi}{2}\, Sin\, 6\theta + \ldots$$

Soit maintenant l la latitude de la planète au-dessus du plan fixe; on aura $\qquad Sin\, l = Sin\,\varphi\, Sin\, (v-\beta)$
d'où

$$Sin\, l = \lambda\, Sin\,\varphi\, Sin\,\beta + (1-\lambda^2)\, Sin\,\varphi\, (Sin\, (u-\beta) + \lambda\, Sin\, (2u-\beta) + \lambda^2\, Sin\, (3-\beta) + \ldots)$$

On aura ensuite, pour déterminer la projection r du rayon vecteur ϱ, l'équation

$$r = \varrho\, Cos\, l.$$

Pour avoir $Cos\, l$, on pourra se servir de la relation:

$$Cos\, l = \sqrt{1 - Sin^2\varphi\, Sin^2\, (v-\beta)} = Cos^2\frac{\varphi}{2}\sqrt{\frac{2(v-\beta)\sqrt{-1}}{1+c}\quad tg^2\frac{\varphi}{2}}\sqrt{\frac{-2(v-\beta)\sqrt{-1}}{1+c}\quad tg^2\frac{\varphi}{2}}$$

Développant les deux radicaux et les multipliant, on trouve:

$$Cos\, l = Cos^2\frac{\varphi}{2}\left[1 + \left(\frac{1}{2}\right)^2 tg^4\frac{\varphi}{2} + \left(\frac{1.1}{2.4}\right)^2 tg^8\frac{\varphi}{2} + \left(\frac{1.1.3}{2.4.6}\right)^2 tg^{12}\frac{\varphi}{2} + \ldots\right]$$

$$+ 2\, Cos\, 2(v-\beta)\, Sin^2\frac{\varphi}{2}\left[\frac{1}{2} - \frac{1}{2}\cdot\frac{1.1}{2.4}\, tg^4\frac{\varphi}{2} + \frac{1.1}{2.4}\cdot\frac{1.1.3}{2.4.6}\, tg^8\frac{\varphi}{2} - \ldots\right]$$

$$+ 2\,Cos\,4(v-\beta)\,sin^2\tfrac{\varphi}{2}\,tg^2\tfrac{\varphi}{2}\left[-\frac{1.1}{2.4}+\frac{1}{2}\cdot\frac{1.1.3}{2.4.6}tg^4\tfrac{\varphi}{2}-\frac{1.1}{2.4}\cdot\frac{1.1.3.5}{2.4.6.8}tg^8\tfrac{\varphi}{2}+\ldots\right]$$
$$+\ldots$$

équation dans laquelle on remplacera $Cos^2\tfrac{\varphi}{2}$ par $1-tg^2\tfrac{\varphi}{2}+tg^4\tfrac{\varphi}{2}--tg^6\tfrac{\varphi}{2}+\ldots$

$$\text{et } Sin^2\tfrac{\varphi}{2}\text{ par } tg^2\tfrac{\varphi}{2}-tg^4\tfrac{\varphi}{2}+tg^6\tfrac{\varphi}{2}-tg^8\tfrac{\varphi}{2}+\ldots$$

§. 11. Si, au lieu de compter l'angle v du périhélie, on fixe son origine à un point quelconque, il est clair que cet angle sera augmenté d'une constante ϖ, qui exprimera la longitude du périhélie. Si, au lieu de fixer l'origine du temps à l'instant du passage au périhélie, on la fixe à un instant quelconque, l'angle nt sera augmenté d'une constante que l'on peut désigner par $\varepsilon-\varpi$. On aura ainsi :

$$\frac{\varrho}{a}=1+\frac{e^2}{2}-e\,Cos(nt+\varepsilon-\varpi)-\frac{e^2}{2}\,Cos(2nt+2\varepsilon-2\varpi)-\ldots$$

$$v=nt+\varepsilon+2e\,sin(nt+\varepsilon-\varpi)+\frac{5}{4}e^2\,sin(2nt+2\varepsilon-2\varpi)+\ldots$$

$$v_{\prime}=v+\theta-\beta-tg^2\tfrac{\varphi}{2}\,sin\,2\,(v-\beta).$$

Soit I la projection de ϖ, on aura

$$I-\theta=\varpi-\beta-tg^2\tfrac{\varphi}{2}\,sin\,2\,(\varpi-\beta)+\ldots$$

$$\text{et }\quad \beta=\theta+tg^2\tfrac{\varphi}{2}\,sin(2\theta)+\ldots$$

par suite :

$$\theta-\beta=-tg^2\tfrac{\varphi}{2}\,sin\,(2\theta)+\ldots$$

donc

$$v_{\prime}=nt+\varepsilon+2e\,sin(nt+\varepsilon-\varpi)+\frac{5}{4}e^2\,sin(2nt+2\varepsilon-2\varpi)-tg^2\tfrac{\varphi}{2}\,sin\,2\theta$$
$$-tg^2\tfrac{\varphi}{2}\,sin(2nt+2\varepsilon-2\theta)+\ldots$$

$$tg\,l=2tg\tfrac{\varphi}{2}\,sin(nt+\varepsilon-\theta)+2e\,tg\tfrac{\varphi}{2}\,sin(2nt+2\varepsilon-\varpi-\theta)+2e\,tg\tfrac{\varphi}{2}\,sin(\theta-\varpi)+\ldots$$

$$\frac{r}{a}=1-e\,Cos(nt+\varepsilon-\varpi)+\frac{e^2}{2}-\frac{e^2}{2}Cos(2nt+2\varepsilon-2\varpi)-tg^2\tfrac{\varphi}{2}+tg^2\tfrac{\varphi}{2}Cos(2nt+2\varepsilon-2\theta)+\ldots$$

On aura facilement les coordonnées x, y, z au moyen des formules $x=r\,Cos\,v_{\prime}$, $y=r\,Sin\,v_{\prime}$ et $z=r\,tg\,l$, car on vient de donner les développements de r, $v_{\prime}$ et de $tg\,l$.

CHAPITRE III.

Des perturbations.

§. 12. Les premières recherches sur les perturbations des mouvements planétaires ont été faites par Euler dans une pièce couronnée par l'Académie des sciences en 1748 et imprimée en 1749. Elle avait pour objet les mouvements de Jupiter et de Saturne, mais elle ne renferme pas les considérations analytiques qui l'ont conduit à ces formules.

Dans un mémoire déjà cité, imprimé dans les Mémoires de l'Académie de Berlin pour 1747 et qui a paru en 1749, il indique les modifications que la force perturbatrice introduit dans les intégrales du mouvement des planètes, et il prend pour exemple le cas où la force d'attraction serait augmentée d'une quantité réciproque à une puissance supérieure du rayon vecteur; il donne dans ce cas le mouvement de l'aphélie.

Un second mémoire d'Euler parut en 1750 dans les Mémoires de l'Académie de sciences de Saint-Petersbourg pour 1747 et 1748. Euler y détermine la rétrogradation des nœuds de l'orbite lunaire et son inclinaison sur l'écliptique. Après avoir cherché le mouvement d'une planète sans avoir égard aux forces perturbatrices, il considère le mouvement de la lune troublée par le soleil. Sa méthode est remarquable en ce qu'elle est le premier exemple de la *variation des constantes arbitraires*. Il détermine la variation de la longitude du nœud (p. 410), et son résultat confirme celui que Newton avait trouvé par synthèse[*]; il calcule ensuite la variation de l'inclinaison p. 424 et suivantes.

L'Académie couronna en 1752 encore une pièce d'Euler qui avait pour objet les mouvements de Jupiter et de Saturne en ayant égard à

---

[*] Principes, livre III, proposition XXX.

leur action mutuelle. EULER y détermine les inégalités dépendantes des excentricités.

Dans une troisième pièce d'EULER, couronnée en 1756 par l'Académie des sciences, ce géomètre regarde les éléments de l'orbite elliptique comme variables en vertu de la force perturbatrice. Il détermine les variations des éléments et différentiant les équations (1.°), en y supposant les éléments constants et (2.°) en les supposant variables; il égale ensuite les deux différentielles dont la première correspond à la durée du premier instant et la seconde à l'origine de l'instant suivant. Cela lui donne une première équation entre les différentielles des éléments. Il différentie ensuite une seconde fois la première différentielle et il y substitue à la place des différences secondes, leurs valeurs en vertu des équations du mouvement. Il obtient ainsi une seconde équation entre les différentielles des éléments.

LAGRANGE fit paraître dans le tome III des *Mélanges de la société royale de Turin*, un mémoire dans lequel il considère les objets traités par EULER dans ses deux dernières pièces. Il ramène la recherche des équations séculaires à l'intégration d'un système d'équations différentielles linéaires à coefficients constans.

En 1773 LAPLACE présenta à l'Académie des sciences un mémoire qui fut imprimé dans le volume des Mémoires des savants étrangers pour 1773 qui parut en 1776. Il y prouve que les équations séculaires du grand axe et du moyen mouvement sont nulles, en ayant égard à la première puissance de la masse perturbatrice et aux quantités du troisième ordre par rapport aux inclinaisons et aux excentricités. Ce beau théorème de *l'invariabilité des grands axes et des moyens mouvements* fut étendu par LAGRANGE au cas où l'on tiendrait compte de toutes les puissances des inclinaisons et des excentricités*. POISSON (Journal de l'École polytechnique, tome VIII, 15.° cahier), dans un mémoire lu le 20 Juin 1808, prouva que le théo-

---

* Mémoires de l'Académie de Berlin pour 1776.

rème était vrai en tenant compte du carré de la masse perturbatrice.

LAGRANGE envoya en 1774 à l'Académie des sciences un mémoire sur les équations séculaires des nœuds et des inclinaisons; il se trouve imprimé dans le volume de 1774 de l'Académie des sciences, p. 98 et suivantes. Il y détermine les variations des produits de la tangente de l'inclinaison par le sinus (p), et par le cosinus (q) de la longitude du nœud. Il arrive aux équations linéaires à coefficients constants :

$$\frac{dp}{dt} = -(o,1)(q-q')-(o,2)(q-q'')-(o,3)(q-q''')-\cdots$$

$$\frac{dq}{dt} = +(o,1)(p-p')+(o,2)(p-p'')+(o,3)(p-p''')+\cdots$$

Il démontre que, si l'on ne considère que deux planètes, l'inclinaison de leurs orbites est constante, et le nœud de l'orbite de la planète o rétrogradera sur celui de la planète 1, avec une vitesse égale au coefficient $(o,1)$. LAGRANGE démontre ensuite directement les équations ci-dessus, en représentant par $(o,1),(o,2),(o,3)\ldots$ les vitesses rétrogrades des nœuds de la planète o sur chacune des planètes 1, 2, 3, $\ldots$ considérées successivement comme fixes. Il applique ensuite ses formules aux planètes connues alors.

Après le mémoire de LAGRANGE il en parut un de LAPLACE, dans lequel ce géomètre détermine les variations séculaires des excentricités et des aphélies. Il se trouve imprimé dans les Mémoires de l'Académie des sciences pour 1772, 1re partie, p. 370. Ce volume n'a paru qu'en 1776. LAPLACE emploie encore deux nouvelles variables, qui sont les produits de l'excentricité par le sinus et le cosinus de la longitude du périhélie.

Les équations qui donnent ces variables sont différentielles du premier ordre, linéaires et à coefficients constants; chaque variable est alors donnée par une suite de sinus et de cosinus d'angles croissant comme le temps, et dont les coefficients du temps dans chaque angle sont racines d'une équation algébrique de degré égal à celui des planètes. Si ces racines sont toutes réelles et inégales, ces diverses expressions sont périodiques, et les variables restent toujours fort petites. Les planètes ne feront donc qu'osciller autour d'un état moyen, dont elles ne s'écarteront jamais beaucoup. Dans les Mémoires de l'Académie des sciences pour 1784, LAPLACE démontre que, de ce que les planètes tournent toutes dans le même sens autour du soleil, il s'ensuit que l'équation ci-dessus ne peut avoir ni racines égales, ni racines imaginaires : la stabilité du système du monde était donc prouvée.

LAGRANGE, dans sa pièce sur l'équation séculaire de la lune, qui remporta le prix de l'Académie des sciences en 1774, démontra que les composantes de la force perturbatrice sont les dérivées partielles d'une même fonction. Cette fonction est symétrique pour toutes les planètes, si on rapporte le mouvement au centre de gravité commun de tout le système solaire; elle est alors égale à la somme des masses attirantes divisées respectivement par leur distance au point attiré. Dans tous les cas, la différentielle de l'unité divisée, par le grand axe, est égale à la différentielle de cette fonction changée de signe et prise par rapport aux coordonnées de la planète attirée seule.

Dans les Mémoires de l'Académie de Berlin pour 1781, LAGRANGE fit paraître sa théorie des variations séculaires des éléments des planètes. Il y considère les six intégrales premières des trois équations du second ordre, en négligeant les forces perturbatrices. Il suppose ensuite des équations intégrales semblables à celles de l'orbite non troublée, mais dans lesquelles chaque constante se trouve augmentée d'une quantité variable provenant de la force perturbatrice. Pour la partie séculaire de ces variations il suffit ensuite de rejeter tous les termes qui contiennent des sinus et des cosinus. Il démontre synthétiquement l'invariabilité du grand axe, c'est-à-dire qu'il fait voir que dans les ellipses troublées la vitesse du mouvement de la longitude moyenne est inversement proportionnelle à la racine carrée du cube de la distance moyenne, comme cela a lieu pour les ellipses invariables. Il fait ensuite les calculs pour les planètes principales dans les Mémoires de Berlin pour 1782.

§. 13. *Formules pour la variation des constantes arbitraires.*

LAGRANGE lut le 22 août 1808 à l'Académie des sciences un mémoire sur la théorie de la variation des constantes arbitraires dans
les problèmes de mécanique. Il y exprime les variations en fonction
des dérivées partielles de la fonction perturbatrice prises par rapport aux constantes elles-mêmes.

Soit R la fonction perturbatrice; a, b, c, f, g, h les 6 constantes
introduites par l'intégration; x peut être considérée comme fonction
des 6 constantes et du temps t; la différentielle de x ne doit pas
changer, que l'on suppose les éléments variables ou constants; on
aura donc :

$$\frac{dx}{da} da + \frac{dx}{db} db + \frac{dx}{dc} dc + \frac{dx}{df} df + \frac{dx}{dg} dg + \frac{dx}{dh} dh = 0 \quad (1)$$

En prenant la seconde différentielle de x en n'ayant égard qu'à
la variation des constantes arbitraires, il faut remplacer $\frac{d^2x}{dt^2}$ par la
partie dépendante de la fonction perturbatrice seulement $\frac{dR}{dx}$. Par suite

$$\frac{dR}{dx}\frac{dx}{da} dt = \frac{dx'}{ad}\frac{dx}{da} da + \frac{dx'}{db}\frac{dx}{da} db + \frac{dx'}{dc}\frac{dx}{da} dc + \dots$$

En vertu de l'équation (1) celle-ci devient :

$$\frac{dR}{dx}\frac{dx}{da} dt = db\left(\frac{dx'}{db}\frac{dx}{da} - \frac{dx'}{da}\frac{dx}{db}\right) + dc\left(\frac{dx'}{dc}\frac{dx}{da} - \frac{dx'}{da}\frac{dx}{dc} + \dots\right)$$

on aura de même $\dfrac{dR}{dy}\dfrac{dy}{da} dt$, et $\dfrac{dR}{dz}\dfrac{dz}{da} dt$; posons donc :

$$\frac{dx}{da}\frac{dx'}{db} + \frac{dy}{da}\frac{dy'}{db} + \frac{dz}{da}\frac{dz'}{db} - \frac{dx'}{da}\frac{dx}{db} - \frac{dy'}{da}\frac{dy}{db} - \frac{dz'}{da}\frac{dz}{db} = (a, b), \text{ on aura :}$$

$$\frac{dR}{da} dt = (a, b)\, db + (a, c)\, dc + (a, f)\, df + (a, g)\, dg + (a, h)\, dh$$

de même
$$\frac{dR}{db} dt = -(a, b)\, da + (b, c)\, dc + (b, f)\, df + (b, g)\, dg + (b, h)\, dh$$

$$\frac{dR}{dc} dt = -(a, c)\, da - (b, c)\, db + (c, f)\, df + (c, g)\, dg + (c, h)\, dh$$

$$\frac{dR}{df} dt = -(a, f)\, da - (b, f)\, db - (c, f)\, dc + (f, g)\, dg + (f, h)\, dh \qquad (2)$$

$$\frac{dR}{dg} dt = -(a, g)\, da - (b, g)\, db - (c, g)\, dc - (f, g)\, df + (g, h)\, dh$$

$$\frac{dR}{dh} dt = -(a, h)\, da - (b, h)\, ab - (c, h)\, dc - (f, h)\, df - (g, h)\, dg$$

Il est facile de prouver que les quantités (a, b), (a, c), (b, c), etc., sont constantes. Au moyen de ces équations, par une simple élimination on peut exprimer les variations da, db, dc…. au moyen des différentielles partielles $\frac{dR}{da}$, $\frac{dR}{db}$ etc. Les équations se simplifient beaucoup, parce que beaucoup des 15 constantes sont nulles.

Un mois après le mémoire de LAGRANGE, parut un mémoire de POISSON, imprimé dans le tome VIII du Journal de l'école polytechnique, à la page 291 et suivantes. Il arrive directement aux variations des constantes telles que LAGRANGE les avait obtenues par l'élimination.

Une constante quelconque a peut être considérée comme fonction de x, y, z, x', y', z' (les 6 intégrales premières de LAGRANGE par exemple); par suite :

$$da = \frac{da}{dx}dx + \frac{da}{dy}dy + \frac{da}{dz}dz + \frac{da}{dx'}dx' + \frac{da}{dy'}dy' + \frac{da}{dz'}dz'$$

En ayant égard à la force perturbatrice, on aura donc :

$$da = \frac{da}{dx'}\frac{dR}{dx}dt + \frac{da}{dy'}\frac{dR}{dy}dt + \frac{da}{dz'}\frac{dR}{dz}dt$$

Le reste est nul, puisque a est constante si la force perturbatrice est nulle.

Or $\dfrac{dR}{dx} = \dfrac{dR}{da}\dfrac{da}{dx} + \dfrac{dR}{db}\dfrac{db}{dx} + \dfrac{dR}{dc}\dfrac{dc}{dx} + \cdots$

Par suite $\dfrac{da}{dt} = \dfrac{dR}{da}\left(\dfrac{da}{dx'}\dfrac{da}{dx} + \dfrac{da}{dy'}\dfrac{da}{dy} + \dfrac{da}{dz'}\dfrac{da}{dz}\right) + \dfrac{dR}{db}\left(\dfrac{db}{dx}\dfrac{da}{dx'} + \dfrac{db}{dy}\dfrac{da}{dy'} + \dfrac{db}{dz}\dfrac{da}{dz'}\right) + \cdots$

Or R est indépendant de x', y' et de z', donc :

$$0 = \dfrac{dR}{da}\left(\dfrac{da}{dx'}\dfrac{da}{dx} + \dfrac{da}{dy'}\dfrac{da}{dy} + \dfrac{da}{dz'}\dfrac{da}{dz}\right) + \dfrac{dR}{db}\left(\dfrac{db}{dx'}\dfrac{da}{dx} + \dfrac{db}{dy'}\dfrac{da}{dy} + \dfrac{db}{dz'}\dfrac{da}{dz}\right) + \cdots$$

Retranchant ces deux équations, et posant :

$$\frac{da}{dx'}\frac{db}{dx} + \frac{da}{dy'}\frac{db}{dy} + \frac{da}{dz'}\frac{db}{dz} - \frac{db}{dx'}\frac{da}{dx} - \frac{db}{dy'}\frac{da}{dy} - \frac{db}{dz'}\frac{da}{dz} = [a, b]$$

on aura :

$$\frac{da}{dt} = [a,b]\frac{d\mathrm{R}}{db} + [a,c]\frac{d\mathrm{R}}{dc} + [a,f]\frac{d\mathrm{R}}{df} + [a,g]\frac{d\mathrm{R}}{dg} + [a,h]\frac{d\mathrm{R}}{dh}$$

$$\frac{db}{dt} = -[a,b]\frac{d\mathrm{R}}{da} + [b,c]\frac{d\mathrm{R}}{dc} + [b,f]\frac{d\mathrm{R}}{df} + [b,g]\frac{d\mathrm{R}}{dg} + [b,h]\frac{d\mathrm{R}}{dh}$$

$$\frac{dc}{dt} = -[a,c]\frac{d\mathrm{R}}{da} - [b,c]\frac{d\mathrm{R}}{db} + [c,f]\frac{d\mathrm{R}}{df} + [c,g]\frac{d\mathrm{R}}{dg} + [c,h]\frac{d\mathrm{R}}{dh}$$

$$\frac{df}{dt} = -[a,f]\frac{d\mathrm{R}}{da} - [b,f]\frac{d\mathrm{R}}{db} - [c,f]\frac{d\mathrm{R}}{dc} + [f,g]\frac{d\mathrm{R}}{dg} + [f,h]\frac{d\mathrm{R}}{dh}$$

$$\frac{dg}{dt} = -[a,g]\frac{d\mathrm{R}}{da} - [b,g]\frac{d\mathrm{R}}{db} - [c,g]\frac{d\mathrm{R}}{dc} - [f,g]\frac{d\mathrm{R}}{df} + [g,h]\frac{d\mathrm{R}}{dh}$$

$$\frac{dh}{zt} = -[a,h]\frac{d\mathrm{R}}{da} - [b,h]\frac{d\mathrm{R}}{db} - [c,h]\frac{d\mathrm{R}}{dc} - [f,h]\frac{d\mathrm{R}}{df} - [g,h]\frac{d\mathrm{R}}{dg}$$

$$(3)$$

Les 6 constantes que considère POISSON sont les suivantes :

1.º h, celle de l'équation des forces vives ; elle est égale à $\frac{\mu}{a}$

2.º k^2, la somme des carrés des 3 constantes du principe des aires ; sa valeur est $\mu a\,(1-e^2)$;

3.º α, la longitude du nœud ;

4.º γ, l'inclinaison du plan de l'orbite ;

5.º l, l'époque, donnée par l'équation $t+l = \int \frac{r\,dr}{\sqrt{2\mathrm{R}\,r^2 - hr - k^2}}$

6.º g, la longitude du périhélie, comptée à partir de la ligne des nœuds donnée par l'équation $v-g = \int_r \frac{k\,dr}{\sqrt{2\mathrm{R}r^2 - hr - k^2}}$

Il calcule ensuite les 15 constantes $[h,k]$, $[h,\alpha]$, $[k,\alpha]$, etc., en se servant de la relation :

$$[a,b] = [a,\beta]\frac{db}{d\beta} + [a,\beta']\frac{db}{d\beta'} + [a,\beta'']\frac{db}{d\beta''}$$

si b est fonction de β, β', β''. Il trouve ainsi :

$$[h,\alpha] = 0\ [h,\gamma] = 0\ [h,k] = 0\ [k,\alpha] = 0\ [k,\gamma] = 0$$

$$[\alpha,\gamma] = \frac{1}{k\,Sin\,\gamma}\ [l,k] = 0\ [l,\alpha] = 0\ [l,\gamma] = 0\ [l,h] = 2$$

$$[g,h] = 0\ [g,k] = 1\ [g,\gamma) = -\frac{Cos\,\gamma}{k\,Sin\,\gamma}\ [g,\alpha] = 0\ [g,l] = 0$$

On a donc les 6 équations :

$$dh = -2\frac{d\mathrm{R}}{dl}dt$$

$$dk = \frac{d\mathrm{R}}{dg}\,dt$$

$$dl = 2\,\frac{d\mathrm{R}}{dh}\,dt$$

$$dg = -\frac{d\mathrm{R}}{dk}\,dt - \frac{Cos\,\gamma}{k\,Sin\,\gamma}\frac{d\mathrm{R}}{d\gamma}\,dt \cdot$$

$$d\gamma = \frac{Cos\,\gamma}{k\,Sin\,\gamma}\frac{d\mathrm{R}}{dg}\,dt - \frac{1}{k\,Sin\,\gamma}\frac{d\mathrm{R}}{d\alpha}\,dt$$

$$d\alpha = \frac{1}{k\,Sin\,\gamma}\frac{d\mathrm{R}}{d\gamma}\,dt$$

Soit n le moyen mouvement et $nt + \varepsilon - \varpi$ l'anomalie moyenne, on aura $\varepsilon - \varpi = nl$; par suite $l = \frac{(\varepsilon - \varpi)a^{\frac{3}{2}}}{\sqrt{\mu}}$. Soit ϖ la longitude du périhélie, comptée à partir de la ligne fixe, on aura:

$$da = \frac{2}{an}\frac{d\mathrm{R}}{d\varepsilon}\,dt$$

$$d\varepsilon = -\frac{2}{an}\frac{d\mathrm{R}}{da}\,dt + \frac{\sqrt{1-e^2}}{a^2 ne}\left(1 - \sqrt{1-e^2}\right)\frac{d\mathrm{R}}{de}\,dt$$

$$de = -\frac{\sqrt{1-e^2}}{a^2 ne}\left(1 - \sqrt{1-e^2}\right)\frac{d\mathrm{R}}{d\varepsilon}\,dt - \frac{\sqrt{1-e^2}}{a^2 ne}\frac{d\mathrm{R}}{d\varpi}\,dt$$

$$d\varpi = \frac{\sqrt{1-e^2}}{a^2 ne}\frac{d\mathrm{R}}{de}\,dt$$

$$d\alpha = \frac{1}{a^2 n\sqrt{1-e^2}\,Sin\,\gamma}\frac{d\mathrm{R}}{d\gamma}\,dt$$

$$d\gamma = -\frac{1}{a^2 n\sqrt{1-e^2}\,Sin\,\gamma}\frac{d\mathrm{R}}{d\alpha}\,dt$$

En posant $\quad e\,sin\,\varpi = h \qquad \gamma\,sin\,\alpha = p$, on trouve :
$\qquad\qquad\quad e\,Cos\,\varpi = l \qquad \gamma\,Cos\,\alpha = q$

$$(4)\begin{cases} dh = \dfrac{\sqrt{1-e^2}}{a^2 n}\dfrac{d\mathrm{R}}{dl}\,dt - \dfrac{\sqrt{1-e^2}}{a^2 ne}\left(1 - \sqrt{1-e^2}\right)\dfrac{d\mathrm{R}}{d\varepsilon}\,Sin\,\varpi\,dt \\[2ex] dl = -\dfrac{\sqrt{1-e^2}}{a^2 n}\dfrac{d\mathrm{R}}{dh}\,dt - \dfrac{\sqrt{1-e^2}}{a^2 ne}\left(1 - \sqrt{1-e^2}\right)\dfrac{d\mathrm{R}}{d\varepsilon}\,Cos\,\varpi\,dt \\[2ex] dp = \dfrac{\gamma}{a^2 n\sqrt{1-e^2}\,Sin\,\gamma}\dfrac{d\mathrm{R}}{dq}\,dt \\[2ex] dq = -\dfrac{\gamma}{a^2 n\sqrt{1-e^2}\,Sin\,\gamma}\dfrac{d\mathrm{R}}{dp}\,dt \end{cases}$$

§. 14. *Développement de la fonction perturbatrice.*

La valeur de la fonction désignée jusqu'ici par R est la suivante:

$$R = \frac{1}{m}\left[\frac{mm_1}{\sqrt{(x_1-x)^2+(y_1-y)^2+(z_1-z)^2}} + \frac{mm_2}{\sqrt{(x_2-x)^2+(y_2-y)^2+(z_2-z)^2}} + \frac{m_1 m_2}{\sqrt{(x_2-x_1)^2+(y_2-y_1)^2+(z_2-z_1)^2}} + \ldots\right]$$
$$- \left[\frac{m_1(xx_1+yy_1+zz_1)}{(x_1^2+y_1^2+z_1^2)^{\frac{3}{2}}} + \frac{m_2(xx_2+yy_2+zz_2)}{(x_2^2+y_2^2+z_2^2)^{\frac{3}{2}}} + \ldots\right]$$

$m_1, m_2, m_3\ldots$ étant les masses perturbatrices, et $x_1\, y_1\, z_1$, $x_2\, y_2\, z_2$, etc., les coordonnées des planètes perturbatrices.

Pour développer cette fonction, considérons d'abord la seule planète perturbatrice m_1 et posons
$$x = r\,Cos\,v \qquad x_1 = r_1\,Cos\,v_1$$
$$y = r\,sin\,v \qquad y_1 = r_1\,sin\,v_1$$

Nous aurons :
$$R = -\frac{m_1(rr_1\,Cos\,(v-v_1)+zz_1)}{(r_1^2+z_1^2)^{\frac{3}{2}}} + \frac{m_1}{\sqrt{r^2+r_1^2-2rr_1\,Cos\,(v-v_1)+(z_1-z)^2}}$$

ou bien en développant en série :
$$R = m_1\left[-\frac{r}{r_1^2}\,Cos\,(v_1-v) + \frac{1}{\sqrt{r^2+r_1^2-2rr_1\,Cos\,(v_1-v)}}\right] + \frac{3}{2}\frac{m_1 rz_1^2\,Cos\,(v_1-v)}{r_1^4} -$$
$$\frac{m_1\,zz_1}{r_1^3} - \frac{m_1(z_1-z)^2}{2}\left[r^2+r_1^2-2rr_1\,Cos\,(v_1-v)\right]^{-\frac{3}{2}} + \ldots$$

z et z_1 sont ici de très-petites quantités, et si l'on pose :
$$r = a\,(1+\varphi) \qquad v = nt+\varepsilon+\psi$$
$$r_1 = a\,(1+\varphi_1) \qquad v_1 = n_1 t+\varepsilon_1+\psi_1$$

φ, φ_1, ψ, et ψ_1 seront aussi de très-petites quantités.

La première partie de R sera donc $f(a+a\varphi,\ a_1+a_1\varphi_1,\ n_1 t+\varepsilon_1+\psi_1-nt-\varepsilon-\psi)$, et son expression, développée suivant la formule de Taylor, sera :

$$f(a,a_1,\ n_1 t-nt+\varepsilon_1-\varepsilon) + a\varphi\frac{df}{da} + a_1\varphi_1\frac{df}{da_1} + (\psi_1-\psi)\frac{df}{d(n_1 t-nt+\varepsilon_1-\varepsilon)} + \frac{a^2\varphi^2}{2}\frac{d^2f}{da^2} +$$
$$+ a\,a_1\varphi\varphi_1\frac{d^2f}{da\,da_1} + \frac{a_1^2 n_1^2}{2}\frac{d^2f}{da_1^2} + a\varphi(\psi_1-\psi)\frac{d^2f}{da\,d(n_1 t-nt+\varepsilon_1-\varepsilon)} + a_1\varphi_1(\psi_1-\psi)$$
$$\frac{d^2f}{da_1\,d(n_1 t-nt+\varepsilon_1-\varepsilon)} + \frac{(\psi-\psi)^2}{2}\frac{d^2f}{d(n_1 t-nt+\varepsilon_1-\varepsilon)^2} + \ldots$$

Dans ce développement $f(a,\ a_1,\ n_1 t-nt+\varepsilon_1-\varepsilon)$ est égale à :

$$-\frac{a}{a_1^2}\,Cos\,(n_1 t-nt+\varepsilon_1-\varepsilon) + \frac{1}{\sqrt{a^2+a_1^2-2aa_1\,Cos\,(n_1 t-nt+\varepsilon_1-\varepsilon)}}$$

Cette fonction peut être développée suivant les cosinus des multiples de l'angle $n_{_1} t - nt + \varepsilon_{_1} - \varepsilon$; soit donc :

$$f = \Sigma \, A_i \; Cos \; i \; (n_{_1} t - nt + \varepsilon_{_1} - \varepsilon)$$

et $[a^2 + a_{_1}^2 - 2aa_{_1} \, Cos \, (n_{_1}t - nt + \varepsilon_{_1} - \varepsilon)]^{-\frac{3}{2}} = \Sigma B_i \, Cos \, i \, (n_{_1}t - nt + \varepsilon_{_1} - \varepsilon)$, on aura :

$$R = m_{_1} \Sigma \; A_i \, Cos \, i \, (n_{_1}t - nt + \varepsilon_{_1} - \varepsilon) + m_{_1} \varphi \, \Sigma \, a \frac{dA_i}{da} \, Cos \, i \, (n_{_1} t - nt + \varepsilon_{_1} - \varepsilon)$$

$$+ \, m_{_1} \, \varphi_{_1} \Sigma \, a_{_1} \, \frac{dA_i}{da_{_1}} \, Cos \, i \, (n_{_1}t - nt + \varepsilon_{_1} - \varepsilon) - m_{_1} \, (\psi_{_1} - \psi) \, \Sigma \; iA_i \, Sin \, i \, (n_{_1}t - nt + \varepsilon_{_1} - \varepsilon)$$

$$+ \frac{m_{_1} \, \varphi^2}{2} \, \Sigma \, a^2 \, \frac{d^2 A_i}{da^2} \, Cos \, i \, (n_{_1}t - nt + \varepsilon_{_1} - \varepsilon) + \frac{m_{_1} \varphi_{_1}^2}{2} \, \Sigma \, a_{_1}^2 \, \frac{d^2 A_i}{da_{_1}^2} \, Cos \, i \, (n_{_1}t - nt + \varepsilon_{_1} - \varepsilon)$$

$$+ m_{_1} \, \varphi \varphi_{_1} \, \Sigma \, aa_{_1} \, \frac{d^2 A_i}{da \, da_{_1}} \, Cos \, i \, (n_{_1}t - nt + \varepsilon_{_1} - \varepsilon) - m_{_1} \, \varphi \, (\psi_{_1} - \psi) \, \Sigma \, ai \, \frac{dA_i}{da} \, Sin \, i \, (n_{_1}t - nt + \varepsilon_{_1} - \varepsilon)$$

$$- m_{_1} \varphi_{_1} \, (\psi_{_1} - \psi) \, \Sigma \, a_{_1} i \, \frac{dA_i}{da_{_1}} \, Sin \, i \, (n_{_1}t - nt + \varepsilon_{_1} - \varepsilon) - m_{_1} \, \frac{(\psi_{_1} - \psi)^2}{2} \, \Sigma \, i^2 A_i \, Cos \, i \, (n_{_1}t - nt + \varepsilon_{_1} - \varepsilon)$$

$$+ \frac{3 \, m_{_1} a}{2 a_{_1}^4} \, z_{_1}^2 \, Cos \, (n_{_1}t - nt + \varepsilon_{_1} - \varepsilon) - \frac{m_{_1} \, zz_{_1}}{a_{_1}^3} - \frac{m_{_1} \, (z_{_1} - z)^2}{2 a_{_1}^3} \, \Sigma \, B_i \, Cos \, i \, (n_{_1}t - nt + \varepsilon_{_1} - \varepsilon)$$

A la place de $\varphi, \varphi_{_1}, \psi, \psi_{_1}, z, z_{_1}$, on substituera maintenant leurs valeurs relatives au mouvement elliptique (§. 11), et R se trouvera developpé en une suite de sinus et de cosinus, de la forme :

$$m_{_1} \, k \, Cos \, (i_{_1} \, n_{_1} t - int + i_{_1} \varepsilon_{_1} - i \varepsilon + g \varpi + g_{_1} \varpi_{_1} + h \theta + h_{_1} \theta_{_1})$$

et ce terme sera par rapport aux excentricités et aux inclinaisons, de l'ordre $i_{_1} - i$; les coefficients sont en outre liés par la relation :

$$i_{_1} - i + g + g_{_1} + h + h_{_1} = 0$$

On peut encore donner à R la forme :

$$\Sigma \, m_{_1} \, P \, Cos (i_{_1} \, n_{_1} \, t - int + i_{_1} \varepsilon_{_1} - i \varepsilon) + \Sigma m_{_1} \, Q \, Sin (i_{_1} \, n_{_1} \, t - int + i_{_1} \varepsilon_{_1} - i \varepsilon)$$

dans laquelle, P et Q sont fonctions des excentricités, des longitudes des perihélies et des nœuds, et des inclinaisons.

Quant au développement du radical $(1 + \alpha^2 - 2\alpha \, Cos \, \theta)^{-s}$, qui fournit les coefficients A_i et B_i, EULER le donne dans sa pièce de 1748; il exprime, au moyen d'une relation simple, un terme quelconque au moyen des deux qui le précèdent (Mécanique céleste, livre II, chapitre VI). D'ALEMBERT, dans ses Recherches sur le système du monde, publiées en 1754, donne la relation entre les termes de la série dans laquelle EULER a développé $(1+\alpha^2-2\alpha\,Cos\,\theta)^{-s}$ et les termes de la série fournie par $(1+\alpha^2-2\alpha\,Cos\,\theta)^{-s-1}$

LAPLACE (Mécanique céleste, liv. XV, chap. II) exprime les termes de cette série par une intégrale définie. En se servant de la relation entre trois termes consécutifs de la série, et exprimant le coefficient de $Cos\,i\theta$ par l'intégrale définie $\int x^i\,\varphi(x)\,dx$, on a, pour déterminer φ, l'équation

$$\varphi\,dx[(s-1)\alpha+(1+\alpha^2)x-(s+1)\alpha x^2]dx-xd\varphi[\alpha-(1+\alpha^2)x+\alpha x^2]=0$$

et pour déterminer les limites :

$$x^{i-1}\varphi\left[\alpha-(1+\alpha^2)x+\alpha x^2\right]=0$$

Par suite quand $s=\frac{1}{2}$, on a pour le coefficient cherché $H\displaystyle\int_0^x\frac{x^{i-\frac{1}{2}}\,dx}{\sqrt{(\alpha-x)(1-\alpha x)}}$

On trouve que la constante H est égale à $\frac{1}{2\pi}$, et si l'on pose $x=\alpha$ $(1-t^2)$, le coefficient cherché sera :

$$\frac{\alpha^i}{\pi\sqrt{1-\alpha^2}}\int_0^1\frac{(1-t^2)^i\,dt}{\sqrt{(1-t^2)\left(1+\frac{\alpha^2 t^2}{1-\alpha^2}\right)}}$$

POISSON a donné le développement de R au moyen d'une intégrale définie double, prise par rapport à $nt+\varepsilon$ et $n_1 t+\varepsilon_1$ entre les limites 0 et 2π. Pour avoir par ce procédé les termes de R, qui sont indépendants de t^*, supposons d'abord à R la forme

$$R = P+\Sigma(G\,Cos\,i(nt+\varepsilon)+H\,sin\,i(nt+\varepsilon)$$

Ici P, G, H sont supposées indépendantes de $nt+\varepsilon$, mais dépendantes de l'angle $n_1 t+\varepsilon_1$. Multiplions par $d(nt+\varepsilon)$ et intégrons entre 0 et 2π, il viendra :

$$P=\frac{1}{2\pi}\int_0^{2\pi}R\,d(nt+\varepsilon)$$

---

* Mémoire sur la lune; Académie des sciences, 1835, p. 209.

Or $d(nt + \varepsilon) = \dfrac{r^2\,dv}{a^2\sqrt{1-e^2}}$, $v = \varpi$ pour $nt + \varepsilon = 0$; donc

$$P = \frac{1}{2\pi a^2\sqrt{1-e^2}} \int_{\varpi}^{\varpi+2\pi} R\,r^2\,dv$$

Soit maintenant $P = Q + \Sigma\big(G_{,}\,Cos\,i_{,}(n_{,}t+\varepsilon_{,}) + H_{,}\,sin\,i_{,}(n_{,}t+\varepsilon_{,})\big)$

On aura encore $\quad Q = \dfrac{1}{2\pi a_{,}^2\sqrt{1-e_{,}^2}} \displaystyle\int_{\varpi_{,}}^{\varpi_{,}+2\pi} P r_{,}^2\,dv_{,}$

Par suite: $\quad Q = \dfrac{1}{4\pi^2 a^2 a_{,}^2\sqrt{(1-e^2)(1-e_{,}^2)}} \displaystyle\int_{\varpi}^{\varpi+2\pi}\int_{\varpi_{,}}^{\varpi_{,}+2\pi} R r^2 r_{,}^2\,dv\,dv_{,}$

On pourrait encore introduire ici l'anomalie excentrique u, et la formule deviendrait

$$Q = \frac{1}{4\pi^2 a a_{,}} \int_{0}^{2\pi}\int_{0}^{2\pi} R\,r\,r_{,}\,du\,du_{,}$$

M. Liouville a fait voir[*] que souvent on peut remplacer l'intégrale double par une intégrale simple, en se bornant à une certaine approximation. Soit $nt + \varepsilon = \zeta$
$$n_{,}t + \varepsilon_{,} = \zeta_{,}$$
On aura $R = F(\zeta,\zeta_{,}) = Q + A_{,}\,Cos(i\zeta - i_{,}\zeta_{,}) + A_{2}\,Cos(2i\zeta - 2i_{,}\zeta_{,}) + \ldots$
$$+\, B_{,}\,sin(i\zeta - i_{,}\zeta_{,}) + B_{2}\,sin(2i\zeta - 2i_{,}\zeta_{,}) + \ldots + \varphi(\zeta,\zeta_{,})$$
Q étant le terme indépendant de ζ et de $\zeta_{,}$.

Posons $i\zeta - i_{,}\zeta_{,} = \theta$, $\zeta = i_{,}\sigma$, de sorte que $\zeta_{,} = i\sigma - \dfrac{\theta}{i_{,}}$, on aura
$$F\left(i_{,}\sigma, i\sigma - \frac{\theta}{i_{,}}\right) = Q + \Sigma A_p\,Cos\,p\theta + \Sigma B_p\,sin\,p\theta + \varphi\left(i_{,}\sigma, i\sigma - \frac{\theta}{i_{,}}\right)$$
Multiplions par $d\sigma$ et intégrons entre 0 et 2π, nous aurons:
$$\frac{1}{2\pi} \int_{0}^{2\pi} F\left(i_{,}\sigma, i\sigma - \frac{\theta}{i_{,}}\right) d\sigma = Q + \Sigma A_p\,Cos\,p\theta + \Sigma B_p\,Sin\,p\theta$$

---

[*] Journal des mathématiques pures et appliquées, 1836, p. 197.

Le premier membre ne sera fonction que de θ; représentons-le par $\Psi(\theta)$, en changeant θ en $-\theta$, on aura

$$Q + \Sigma A_p \, Cos\, p\theta - \Sigma B_p \, sin\, p\theta = \Psi(-\theta)$$

Par suite : $\quad Q + \Sigma A_p \, Cos\, p\theta = \frac{1}{2}\Psi(\theta) + \frac{1}{2}\Psi(-\theta)$

$\qquad$ et $\quad \Sigma B_p \, sin\, \theta = \frac{1}{2}\Psi(\theta) - \frac{1}{2}\Psi(-\theta)$

Les termes A_1 et B_1 sont de l'ordre $i - i_1$; A_2 et B_2 sont de l'ordre $2(i - i_1)$; ils seront donc très-petits par rapport aux premiers, A_3 et B_3 sont encore plus petits. En nous bornant aux premiers termes on a donc :

$$Q + A_1 \, Cos\, \theta = \frac{1}{2}\Psi(\theta) + \frac{1}{2}\Psi(-\theta)$$

Faisant $\theta = 0$, on trouve $Q + A_1 = \Psi(0)$

$\qquad \theta = \pi \quad$ donne $\quad Q - A_1 = \Psi(\pi)$, car $\Psi(2\pi + \theta) = \Psi(\theta)$

Donc $\quad Q = \frac{1}{2}\Psi(0) + \frac{1}{2}\Psi(\pi)$

$\qquad A_1 = \frac{1}{2}\Psi(0) - \frac{1}{2}\Psi(\pi)$

De même en faisant $\theta = \frac{\pi}{2}$, on trouve :

$$B_1 = \frac{1}{2}\Psi\left(\frac{\pi}{2}\right) - \frac{1}{2}\Psi\left(\frac{3\pi}{2}\right)$$

§. 14. *Développement du terme indépendant de t.*

En ne considérant d'abord que deux planètes, on a, en appelant α l'angle formé par les deux rayons vecteurs r et r_1,

$$R = -\frac{m_1 r \, Cos\, \alpha}{r_1^2} + \frac{m_1}{\sqrt{r^2 + r_1^2 - 2rr_1 \, Cos\, \alpha}}$$

En appelant γ et γ_1 les inclinaisons de deux orbites, θ et θ_1 les longitudes de la ligne des nœuds, on a :

$$Cos\, \alpha = Cos\, v \, Cos\, v_1 + Sin\, v \, Sin\, v_1 \left[Cos\, \gamma \, Cos\, \gamma_1 + Sin\, \gamma \, Sin\, \gamma_1 \, Cos(\theta - \theta_1) \right]$$

ou bien $\quad Cos\, \alpha = Cos(v - v_1) + \left[Cos(v + v_1) - Cos(v - v_1) \right]$

$$\left[\frac{\gamma^2 + \gamma_1^2 - 2\gamma\gamma_1 \, Cos(\theta - \theta_1)}{4} - \frac{\gamma^4 + 6\gamma^2\gamma_1^2 + \gamma_1^4 - 4\gamma\gamma_1(\gamma^2 + \gamma_1^2) \, Cos(\theta - \theta_1)}{48} \right]$$

Posons le facteur entre parenthèses égal à δ^2, et nous aurons pour le terme indépendant de t :

$$Q = \frac{m_{,}}{4\pi^2 aa_{,}} \int_0^{2\pi}\!\!\int_0^{2\pi} \frac{rr_{,}\, du\, du_{,}}{\sqrt{r^2 + r_{,}^2 - 2rr_{,} Cos\,\alpha}} = \frac{m_{,}}{4\pi^2 aa_{,}} \int_0^{2\pi} r_{,} du_{,} \int_0^{2\pi} \frac{r\, du}{\sqrt{r^2 + r_{,}^2 - 2rr_{,} Cos(v - v_{,})}} \quad (A)$$

$$+ \frac{m_{,}\delta^2}{4\pi^2 aa_{,}} \int_0^{2\pi} r_{,}^2 du_{,} \int_0^{2\pi} \frac{r^2[Cos(v+v_{,}) - Cos(v-v_{,})]\, du}{[r^2 + r_{,}^2 - 2rr_{,} Cos(v - v_{,})]^{\frac{3}{2}}} \quad (B)$$

$$+ \frac{3m_{,}\delta^4}{8\pi^2 aa_{,}} \int_0^{2\pi} r_{,}^2 du_{,} \int_0^{2\pi} \frac{r^3[1 + \frac{1}{2}Cos(2v+2v_{,}) + \frac{1}{2}Cos(2v-2v_{,}) - Cos\,2v - Cos\,2v_{,}]\, d}{[r^2 + r_{,}^2 - 2rr_{,} Cos(v - v_{,})]^{\frac{5}{2}}}$$

Développons d'abord la partie (A). Pour cela soit :

$$\left[r^2 + r_{,}^2 - 2rr_{,} Cos(v - v_{,})\right]^{-\frac{1}{2}} = \tfrac{1}{2}(r,r_{,})_0 + (r,r_{,})_{,} Cos(v - v_{,}) + (r,r_{,})_2 Cos\,2(v - v_{,}) + \ldots\ldots$$

Cette partie se décomposera dans les suivantes :

$$\frac{m_{,}}{4\pi^2 aa_{,}} \int_0^{2\pi} r_{,}\, du_{,} \int_0^{2\pi} r\, du \, \frac{(r,r_{,})_0}{2} \qquad (1)$$

$$+ \frac{m_{,}}{4\pi^2 aa_{,}} \int_0^{2\pi} r_{,}\, du_{,} \int_0^{2\pi} r\, Cos(v - v_{,})\,(r,r_{,})_{,}\, du \qquad (2)$$

$$+ \frac{m_{,}}{4\pi^2 aa_{,}} \int_0^{2\pi} r_{,}\, du_{,} \int_0^{2\pi} r\, Cos\,2(v - v_{,})\,(r,r_{,})_2\, du \qquad (3)$$

Pour développer (1), nous observerons que l'on a $r = a - ae\, Cos\,u$, par suite :

$$(r,r_{,})_0 = (a,r_{,})_0 - ae\, Cos\,u\, \frac{d(a,r_{,})_0}{da} + a^2 e^2\, Cos^2 u\, \frac{d^2(a,r_{,})_0}{da^2} - \ldots\ldots$$

donc :

$$\frac{1}{2\pi a} \int_0^{2\pi} r(r,r_{,})_0\, du = (a,r_{,})_0 + \frac{ae^2}{2}\frac{d(a,r_{,})_0}{da} + \frac{a^2 e^2}{4}\frac{d^2(a,r_{,})_0}{da^2} + \frac{a^3 e^4}{16}\frac{d^3(a,r_{,})_0}{da^3} + \frac{a^4 e^4}{64}\frac{d^4(a,r_{,})_0}{da^4}$$

De même en mettant des indices, et changeant $r_{,}$ en a, on aura :

$$\frac{1}{2\pi a_{,}} \int_0^{2\pi} r_{,}(r_{,},a)_0\, du_{,} = (a_{,},a)_0 + \frac{a_{,}e_{,}^2}{2}\frac{d(a_{,},a)_0}{da_{,}} + \frac{a_{,}^2 e_{,}^2}{4}\frac{d^2(a_{,},a)_0}{da_{,}^2} + \frac{a_{,}^3 e_{,}^4}{16}\frac{d^3(a_{,},a)_0}{da_{,}^3} +$$

$$+ \frac{a_{,}^4 e_{,}^4}{64}\frac{d^4(a_{,},a)_0}{da_{,}^4}$$

En différentiant cette équation par rapport à a, on trouve :

$$\frac{1}{2\pi a_1}\int_0^{2\pi} r_1\,\frac{d(r_1,a)_0}{da}\,du_1 = \frac{d(a_1,a)_0}{da} + \frac{a_1 e_1^2}{2}\,\frac{d^2(a_1,a)_0}{da\,da_1} + \frac{a_1^2 e_1^2}{4}\,\frac{d^3(a_1,a)_0}{da\,da_1^2}$$

En continuant de même, on trouve en posant $(a_1,a)_0 = A_1$

$$(1)=\frac{m_1}{4\pi^2 aa_1}\int_0^{2\pi}\!\!\int_0^{2\pi} rr_1\,\frac{(r,r_1)_0}{2}\,du\,du_1 =\frac{A_1}{2}+\frac{e^2}{4}\,a\,\frac{dA_1}{da}+\frac{e^2}{8}\,a^2\,\frac{d^2A_1}{da^2}+\frac{e^4}{32}\,a^3\,\frac{d^3A_1}{da^3}+\frac{e^4}{128}\,a^4\,\frac{d^4A_1}{da^4}$$

$$+\frac{e_1'^2}{4}\,a_1\,\frac{dA_1}{da_1}+\frac{e^2e_1^2}{8}\,aa_1\,\frac{d^2A_1}{da\,da_1}+\frac{e^2e_1'^2}{16}\,a^2a_1\,\frac{d^3A_1}{da^2da_1}+\frac{e^2e_1^2}{32}\,a^2a_1^2\,\frac{d^4A_1}{da^2da_1^2}$$

$$+\frac{e_1^2}{8}\,a_1^2\,\frac{d^2A_1}{da_1^2}+\frac{e^2e_1^2}{16}\,aa_1^2\,\frac{d^3A_1}{da_1^2da}+\frac{e_1^4}{128}\,a_1^4\,\frac{d^4A_1}{da_1^4}$$

$$+\frac{e_1^4}{32}\,a_1^3\,\frac{d^3A_1}{da_1^3}$$

En posant en général :

$$\left(\sqrt{a^2+a_1^2-2aa_1\,\cos\theta}\right)^{-s}=\tfrac{1}{2}A_s+B_s\,\cos\theta+C_s\,\cos2\theta+\ldots\ldots$$

on aura

$$A_s=\frac{1}{\pi}\int_0^{2\pi}\frac{d\theta}{(a^2+a_1^2-2aa_1\,\cos\theta)^{\frac{s}{2}}},\quad B_s=\frac{1}{\pi}\int_0^{2\pi}\frac{\cos\theta\,d\theta}{(a^2+a_1^2-2aa_1\,\cos\theta)^{\frac{s}{2}}},\quad C_s=\frac{1}{\pi}\int_0^{2\pi}\frac{\cos2\theta\,d\theta}{(a^2+a_1^2-2aa_1\,\cos\theta)^{\frac{s}{2}}}$$

A_1, B_1, C_1, seront des fonctions homogènes de a, et de a_1 du degré
$-s$

On pourra donc réduire le nombre des dérivées de la valeur ci-dessus. En effet, on aura :

$$a^2\,\frac{d^4A_1}{da^4}=a_1^2\,\frac{d^4A_1}{da^2da_1^2}+4\,a_1\,\frac{d^3A_1}{da^2da_1}-4\,a\,\frac{d^3A_1}{da^3}$$

$$a_1^2\,\frac{d^4A_1}{da_1^4}=a^2\,\frac{d^4A_1}{da^2da_1^2}+4\,a\,\frac{d^3A_1}{da_1^2da}-4\,a_1\,\frac{d^3A_1}{da_1^3}$$

$$a\,\frac{d^3A_1}{da^2da_1}+a_1\,\frac{d^3A_1}{da_1^2da}=-3\,\frac{d^2A_1}{da\,da_1}$$

$$a^2\,\frac{d^2A_1}{da^2}+2\,a\,\frac{dA}{da}=a_1^2\,\frac{d^2A_1}{da_1^2}+2\,a_1\,\frac{dA_1}{da_1}=-aa_1\,\frac{d^2A_1}{da\,da_1}$$

En faisant les substitutions indiquées on trouve :

$$(1)=\left[\tfrac{1}{2}A_1-aa_1\,\frac{e^2+e_1^2}{8}\,\frac{d^2A_1}{da\,da_1}+a^2a_1^2\,\frac{e^4+e_1^4+4e^2e_1^2}{128}\,\frac{d^4A_1}{da^2da_1^2}-\frac{aa_1e^2e_1^2}{16}\,\frac{d^2A_1}{da\,da_1}+\frac{aa_1}{32}\left(e^4a\,\frac{d^3A_1}{da^2da_1}+e_1^4a_1\,\frac{d^3A_1}{da\,da_1^2}\right)\right]m_1$$

Développons maintenant la partie (2). Pour cela observons que l'on a

$$\frac{r(Cos\,v - v_{\text{\tiny\,}})}{a} = (Cos\,u - e)\,Cos\,(v_{\text{\tiny\,}} - \varpi) + Sin\,u\sqrt{1 - e^2}\,Sin\,(v_{\text{\tiny\,}} - \varpi).$$

La seconde partie donnera o par l'intégration entre o et 2π après avoir été multipliée par $(r, r_{\text{\tiny\,}})_{\text{\tiny\,}}$. La partie (2) se réduira donc à :

$$\frac{m_{\text{\tiny\,}}}{4\pi^2\,aa_{\text{\tiny\,}}}\int_o^{2\pi} r_{\text{\tiny\,}}\,Cos\,(v_{\text{\tiny\,}} - \varpi)\,du_{\text{\tiny\,}} \int_o^{2\pi} (Cos\,u - e)\,(r, r_{\text{\tiny\,}})_{\text{\tiny\,}}\,du$$

En opérant comme tout à l'heure, on trouvera

$$\frac{1}{2\pi}\int_o^{2\pi}\frac{r}{a}du(r, r_{\text{\tiny\,}})_{\text{\tiny\,}}\,Cos(v - v_{\text{\tiny\,}}) = Cos(v_{\text{\tiny\,}} - \varpi)\int_o^{2\pi}(Cos\,u - e)(r, r_{\text{\tiny\,}})_{\text{\tiny\,}}\,du = -e\,Cos(v_{\text{\tiny\,}} - \varpi)$$

$$\left[(a, r_{\text{\tiny\,}})_{\text{\tiny\,}} + \frac{a}{2}\frac{d(a, r_{\text{\tiny\,}})}{da} + \frac{a^2 e^2}{4}\frac{d^2(a, r_{\text{\tiny\,}})}{da^2} + \frac{a^3 e^2}{16}\frac{d^3(a, r_{\text{\tiny\,}})}{da^3} \right]$$

Mettant encore des indices, et changeant $r_{\text{\tiny\,}}$ en a, $v_{\text{\tiny\,}}$ en ϖ, on aura :

$$\frac{1}{2\pi}\int_o^{2\pi}\frac{r_{\text{\tiny\,}}}{a_{\text{\tiny\,}}}\,du_{\text{\tiny\,}}\,(r_{\text{\tiny\,}}, a)_{\text{\tiny\,}}\,Cos\,(v_{\text{\tiny\,}} - \varpi) = -e_{\text{\tiny\,}}\,Cos\,(\varpi - \varpi_{\text{\tiny\,}})$$

$$\left[B_{\text{\tiny\,}} + \frac{a_{\text{\tiny\,}}}{2}\frac{dB_{\text{\tiny\,}}}{da_{\text{\tiny\,}}} + \frac{a_{\text{\tiny\,}}^2 e_{\text{\tiny\,}}^2}{4}\frac{d^2 B_{\text{\tiny\,}}}{da_{\text{\tiny\,}}^2} + \frac{a_{\text{\tiny\,}}^3 e_{\text{\tiny\,}}^2}{16}\frac{d^3 B_{\text{\tiny\,}}}{da_{\text{\tiny\,}}^3} \right]$$

On prendra maintenant les dérivées par rapport à a, pour avoir

$$\frac{1}{2\pi}\int_o^{2\pi}\frac{r_{\text{\tiny\,}}}{a_{\text{\tiny\,}}}\frac{d\,(a, r_{\text{\tiny\,}})_{\text{\tiny\,}}}{da}\,Cos\,(v_{\text{\tiny\,}} - \varpi)\,du_{\text{\tiny\,}}\,,$$ et ainsi de suite; on fera ensuite,

comme tout à l'heure, les réductions entre les dérivées partielles de $B_{\text{\tiny\,}}$, et on trouvera pour résultat :

$$(2) = m_{\text{\tiny\,}}\,ee_{\text{\tiny\,}}\,Cos(\varpi - \varpi_{\text{\tiny\,}})\left[\begin{array}{l} \dfrac{B_{\text{\tiny\,}}}{2} + \dfrac{aa_{\text{\tiny\,}}}{4}\dfrac{d^2 B_{\text{\tiny\,}}}{da\,da_{\text{\tiny\,}}} + \dfrac{ae^2\,dB_{\text{\tiny\,}}}{8\,da} - \dfrac{a_{\text{\tiny\,}}e_{\text{\tiny\,}}^2\,dB_{\text{\tiny\,}}}{8\,da_{\text{\tiny\,}}} - \dfrac{aa_{\text{\tiny\,}}(e^2 + e_{\text{\tiny\,}}^2)}{16}\dfrac{d^2 B_{\text{\tiny\,}}}{da\,da_{\text{\tiny\,}}} - \dfrac{a^2 a_{\text{\tiny\,}}e^2}{16}\dfrac{d^3 B_{\text{\tiny\,}}}{da^2\,da_{\text{\tiny\,}}} \\[2ex] - \dfrac{aa_{\text{\tiny\,}}^2 e_{\text{\tiny\,}}^2}{16}\dfrac{d^3 B_{\text{\tiny\,}}}{da_{\text{\tiny\,}}^2\,da} - \dfrac{a^2 a_{\text{\tiny\,}}^2(e^2 + e_{\text{\tiny\,}}^2)}{32}\dfrac{d^4 B_{\text{\tiny\,}}}{da^2\,da_{\text{\tiny\,}}^2} \end{array}\right]$$

Pour développer la partie (3), remarquons que l'on a :

$$Cos\,2\,(v - v_{\text{\tiny\,}}) = Cos\,2\,(v - \varpi)\,Cos\,2\,(v_{\text{\tiny\,}} - \varpi) + Sin\,2\,(v - \varpi)\,Sin\,2\,(v_{\text{\tiny\,}} - \varpi)$$

La seconde partie ne donnera encore pas de terme périodique. Quant à la première on trouvera facilement :

$$\frac{1}{a}r\,Cos\,2\,(v - \varpi) = Cos\,2u - \frac{3}{2}e\,Cos\,u + \frac{e}{2}Cos\,3u + e^2\left(\frac{1}{4}Cos\,4u - Cos\,2u + \frac{3}{4}\right)$$

On aura donc

$$\frac{1}{2\pi a_i}\int_0^{2\pi} r\, Cos\, 2(v-v_i)(r,r_i)_2\, du = e^2\, Cos\, 2(v_i-\varpi)\left[\frac{3}{4}(a,r_i)_i + \frac{3}{4}a\,\frac{d(a,r_i)_i}{da}+\frac{1}{8}a^2\,\frac{d^2(a,r_i)_i}{da^2}\right]$$

de même

$$\frac{1}{2\pi a_i}\int_0^{2\pi} r_i\, Cos\, 2(v_i-\varpi)(r_i,a)_i\, du_i = e_i^2\, Cos\, 2(\varpi-\varpi_i)\left[\frac{3}{4}C_i + \frac{3}{4}a_i\,\frac{dC_i}{da_i}+\frac{1}{8}a_i^2\,\frac{d^2C_i}{da_i^2}\right]$$

On trouvera en finissant le calcul :

$$(3) = m_i e^2 e_i^2\, Cos\, 2(\varpi-\varpi_i)\left[\frac{3C_i}{16}+\frac{3aa_i}{32}\frac{d^2C_i}{da\,da_i}+\frac{a^2a_i^2}{64}\frac{d^4C_i}{da^2da_i^2}\right]$$

Passons maintenant au développement de la seconde partie de Q.
Soit encore $\left[r^2+r_i^2-2rr_i\, Cos(v-v_i)\right]^{-\frac{3}{2}}=\frac{1}{2}(r,r_i)_0+(r,r_i)_i\, Cos$
$(v-v_i)+(r,r_i)_2\, Cos\, 2(v-v_i)+\ldots\ldots$

Ce radical doit être multiplié par $r^2r_i^2\left[Cos(v+v_i)-Cos(v-v_i)\right]$;
nous aurons donc à considérer les termes : $\quad -\dfrac{(r,r_i)_i}{2}\, r^2 r_i^2$,
$-\dfrac{(r,r_i)_i+(r,r_i)_2}{2}\, r^2 r_i^2\, Cos(v-v_i)\,\text{et}\,\dfrac{(r,r_i)_0\, r^2r_i^2\, Cos(v+v_i)}{2}, \dfrac{(r,r_i)_i\, r^2r_i^2\, Cos\, 2v}{2},$
$\dfrac{(r,r_i)_i\, r^2r_i^2\, Cos\, 2v_i}{2}$

Chaque terme se calculera comme précédemment, et on arrivera
à la valeur

$$=\left[\begin{array}{l}-\left(\frac{1}{2}+\frac{e^2}{4}+\frac{e_i^2}{4}\right)B_3+\frac{ae_i}{2}\frac{dB_3}{da}+\frac{a_i e_i^2}{2}\frac{dB_3}{da_i}+\frac{aa_i(e^2+e_i^2)}{4}\frac{d^2B_3}{dada_i}-\frac{aa_i\,ee_i\,Cos(\varpi-\varpi_i)}{8}\frac{d^2(A_3+C_3)}{da\,da_i}\\[2mm]+\frac{aa_i\,ee_i\,Cos(\varpi+\varpi_i)}{8}\frac{d^2A_3}{dada_i}+\frac{3}{16}(e^2\,Cos\,2\varpi+e_i^2\,Cos\,2\varpi_i)B_3+\frac{ae^2\,Cos\,2\varpi}{16}\frac{dB_3}{da}+\frac{a_i e_i^2\,Cos\,2\varpi_i}{16}\frac{dB_3}{da_i}\end{array}\right]\delta^2 m_i\, aa_i$$

Quant à (C) sa valeur s'obtiendra en remplaçant partout r par a,
puisque nous nous bornons aux termes du 4.^{c} ordre; par suite :

$$(C) = \frac{3\,a^2 a_i^2}{8}(2A_5+C_5)m_i\,\delta^4$$

La valeur de δ^2 est : $\dfrac{\gamma^2+\gamma_i^2-2\gamma\gamma_i\, Cos(\theta-\theta_i)}{4}-\dfrac{\gamma^4+\gamma_i^4+6\gamma^2\gamma_i^2-4\gamma\gamma_i(\gamma^2+\gamma_i^2)Cos(\theta-\theta_i)}{48}$

Il existe entre les coefficients A_1, B_1, C_1, A_3, B_3, C_3, $\dfrac{dA_1}{da}$, etc., des relations qui permettent de les exprimer tous au moyen de deux d'entre eux.

On a $A_s = \dfrac{1}{\pi} \displaystyle\int_0^{2\pi} \dfrac{d\theta}{(a^2 + a_1^2 - 2aa_1 \, Cos\,\theta)^{\frac{s}{2}}}$

Par suite

$$\frac{dA_s}{da} = -\frac{sa}{\pi} \int_0^{2\pi} \frac{d\theta}{a^2 + a_1^2 - 2aa_1\,Cos\,\theta)^{\frac{s+2}{2}}} + \frac{sa_1}{\pi} \int_0^{2\pi} \frac{Cos\,\theta\,d\theta}{(a^2 + a_1^2 - 2aa_1\,Cos\,\theta)^{\frac{s+2}{2}}} = -\,as\,A_{s+2} +$$

$$+\, a_1 s\, B_{s+2} \qquad (1)$$

On a en outre $\dfrac{2a}{s}\dfrac{dA_s}{da} = -A_s - (a^2 - a_1^2)\,A_{s+2}$ $\qquad (2)$

De même on aura : $\dfrac{2a}{s}\dfrac{dB_s}{da} = -B_s - (a^2 - a_1^2)\,B_{s+2}$ $\quad (3)$

$$\frac{dB_s}{da} = -\,sa\,B_{s+2} + a_1 s\,A_{s+2} - \frac{a_1 s}{\pi}\int_0^{2\pi}\frac{Sin^2\,\theta\,d\theta}{(a^2 + a_1^2 - 2aa_1\,Cos\,\theta)^{\frac{s+2}{2}}}$$

En intégrant par parties, on trouve :

$$\frac{1}{\pi}\int_0^{2\pi}\frac{Sin^2\,\theta\,d\theta}{(a^2 + a_1^2 - 2aa_1\,Cos\,\theta)^{\frac{s+2}{2}}} = \frac{1}{\pi\,aa_1 s}\int_0^{2\pi}\frac{Cos\,\theta\,d\theta}{(a^2 + a_1^2 + 2aa_1\,Cos\,\theta)^{\frac{s}{2}}} = \frac{B_s}{aa_1 s}$$

Donc : $\qquad \dfrac{dB_s}{da} = -\,s\,a\,B_{s+2} + a_1\,s\,A_{s+2} - \dfrac{B_s}{a}$ $\qquad (4)$

Au moyen de ces quatre relations on peut exprimer A_{s+2}, B_{s+2}, $\dfrac{dA_s}{da}$ $\dfrac{dB_s}{da}$ au moyen de A_s et B_s. On aura ainsi :

$$A_{s+2} = \frac{A_s(a^2 + a_1^2) + 2B_s\,aa_1\dfrac{s-2}{s}}{(a^2 - a_1^2)^2} \qquad \frac{dA_s}{da} = \frac{B_s(2-s)a_1 - A_s\,as}{a^2 - a_1^2}$$

$$B_{s+2} = \frac{B_s\dfrac{s-2}{s}(a^2 + a_1^2) + 2A_s\,aa_1}{(a^2 - a_1^2)^2} \qquad \frac{dB_s}{da} = \frac{B_s(a^2 + a_1^2 - a^2 s) - A_s\,aa_1 s}{a(a^2 - a_1^2)}$$

On a ensuite :

$$\frac{d^2 A_s}{da\,da_1} = s\,B_{s+2} + \frac{s(s+2)}{\pi}\int_0^{2\pi}\frac{(a - a_1\,Cos\,\theta)(a_1 - a\,Cos\,\theta)\,d\theta}{(\sqrt{a^2 + a_1^2 - 2aa_1\,Cos\,\theta})^{s+4}}$$

Or $(a - a_1\,Cos\,\theta)(a_1 - a\,Cos\,\theta) = -(a^2 + a_1^2 - 2aa_1\,Cos\,\theta)\,Cos\,\theta + aa_1\,Sin^2\,\theta$

Par suite : $\dfrac{d^2 A_s}{da\,da_i} = s\,B_{s+2} - s(s+2)\,B_{s+2} + s\,B_{s+2} = -\,s^2\,B_{s+2}$

On aura de même :

$$\frac{d^2 B_s}{da\,da_i} = \frac{s}{\pi} \int_0^{2\pi} \frac{Cos^2\theta\,d\theta}{\left(\sqrt{a^2 + a_i^2 - 2aa_i\,Cos\,\theta}\right)^{s+2}} - \frac{s(s+2)}{\pi} \int_0^{2\pi} \frac{Cos^2\theta\,d\theta}{\left(\sqrt{a^2 + a_i^2 - 2aa_i\,Cos\,\theta}\right)^{s+2}}$$

$$+ \frac{aa_i\,s(s+2)}{\pi} \int_0^{2\pi} \frac{Sin^2\theta\,Cos\,\theta\,d\theta}{\left(\sqrt{a^2 + a_i^2 - 2aa_i\,Cos\,\theta}\right)^{s+4}}$$

En intégrant par parties, on trouve :

$$\frac{d^2 B_s}{da\,da_i} = A_{s+2}\,[s - s(s+2) + s] - \frac{1}{aa_i\,s}\,B_s\,[s - s(s+2) + 2s] = -\,s^2 A_{s+2} + (s-1)\,\frac{B_s}{aa_i}$$

Quant à C_s, on a $C_s = \dfrac{1}{\pi} \displaystyle\int_0^{2\pi} \dfrac{Cos\,2\theta\,d\theta}{\left(\sqrt{a^2 + a_i^2 - 2aa_i\,Cos\,\theta}\right)^s} = \dfrac{1}{\pi} \displaystyle\int_0^{2\pi} \dfrac{d\theta}{\left(\sqrt{a^2 + a_i^2 - 2aa_i\,Cos\,\theta}\right)^s}$

$$- \frac{2}{\pi} \int_0^{2\pi} \frac{Sin^2\theta\,d\theta}{\left(\sqrt{a^2 + a_i^2 - 2aa_i\,Cos\,\theta}\right)^s}$$

Par suite : $\qquad\qquad C_s = A_s - \dfrac{2\,B_{s-2}}{aa_i\,(s-2)}$

Comme on a en général $\dfrac{d^2 \frac{K_s}{aa_i}}{da_i\,da} = \dfrac{s+1}{a^2 a_i^2}\,K_s + \dfrac{1}{aa_i}\,\dfrac{d^2 K_s}{da\,da_i}$, on trouve fa-

cilement : $\qquad\qquad \dfrac{d^2 C_s}{da\,da_i} = -\,s^2\,B_{s+2} + 2(s-2)\,\dfrac{C_s}{aa_i}$

Au moyen de ces formules on pourra exprimer tous les coefficients au moyen des deux intégrales définies :

$$A = \frac{1}{\pi} \int_0^{2\pi} \sqrt{a^2 + a_i^2 - 2aa_i\,Cos\theta}\;d\theta \quad \text{et} \quad B = \frac{1}{\pi} \int_0^{2\pi} \sqrt{a^2 + a_i^2 - 2aa_i\,Cos\theta}\;Cos\,\theta\,d\theta$$

On aura : $A_1 = \dfrac{A(a^2 + a_i^2) + 6\,B\,aa_i}{(a^2 - a_i^2)^3} \qquad B_1 = \dfrac{2\,A\,aa_i + 3\,B\,(a^2 + a_i^2)}{(a^2 - a_i^2)^3}$

$A_3 = -\dfrac{d^2 B_1}{da\,da_i} = \dfrac{A}{(a^2 - a_i^2)^3}\qquad B_3 = -\dfrac{d^2 A_1}{da\,da_i} = -\dfrac{3\,B}{(a^2 - a_i^2)^3}\qquad$ et ainsi de suite.

On aura ainsi :

$$Q = \frac{1}{m}\,\Sigma\,m\,m_i\,\frac{A(a^2 + a_i^2) + 6\,B\,aa_i}{2\,(a^2 - a_i^2)^2} - \frac{3aa_i\,B\,(e^2 + e_i^2)}{8(a^2 - a_i^2)^2} + \frac{3a^2 a_i^2\,A}{128(a^2 - a_i^2)^4}\,[e^4(7a^2 - a_i^2) + e_i^4(7a_i^2 - a^2) + 12\,e^2 e_i^2(a^2 + a_i^2)]$$

$$- \frac{3\,aa_1\,B}{64\,(a^2-a_1^2)^4}\,[e^4(3a^4-a^2a_1^2+a_1^4)+e_1^4(3a_1^4-a^2a_1^2+a^4)+12\,e^2e_1^2a^2a_1^2]$$

$$+ ee_1\,Cos\,(w-w_1)\left\{ \begin{array}{l} \dfrac{3\,aa_1\,A+6(a^2+a_1^2)\,B}{4\,(a^2-a_1^2)^2}+\dfrac{3\,aa_1\,A}{16\,(a^2-a_1^2)^4}\,[a^2e_1^2(a^2-4a_1^2)+a_1^2e^2(a_1^2-4a)^2]+\\[2mm] +\dfrac{3\,B}{32\,(a^2-a_1^2)^4}\,[a^2e_1^2(4a^4-7a^2a_1^2+9a_1^4)+a_1^2e^2(4a_1^4-7a^2a_1^2+9a^4)] \end{array}\right\}$$

$$+ \frac{9\,aa_1\,e^2e_1^2\,Cos\,2(w-w_1)}{64\,(a^2-a_1^2)^4}\,[A\,aa_1\,(a^2+a_1^2)+2B(a^4+a_1^4-3a^2a_1^2)]$$

$$+ [\gamma^2+\gamma_1^2-2\gamma\gamma_1\,Cos\,(\theta-\theta_1)]\left\{ \begin{array}{l} \dfrac{3\,Baa_1}{8\,(a^2-a_1^2)^2}+\dfrac{3\,Baa_1}{16\,(a^2-a_1^2)^4}\,[e^2(3a^4+a_1^4+2a^2a_1^2)+e_1^2(3a_1^4+a^4+2a^2a_1^2)]-\\[2mm] \dfrac{3\,A\,a^2a_1^2}{16\,(a^2-a_1^2)^4}\,[e^2(5a^2-a_1^2)+e_1^2(5a_1^2-a^2)]\\[2mm] +\dfrac{3\,ee_1\,Cos\,(w-w_1)}{16\,(a^2-a_1^2)^4}\,[A\,aa_1\,(a^4+a_1^4+4a^2a_1^2)+B(a^2+a_1^2)(2a^4+2a_1^4-7a^2a_1^2)]\\[2mm] +\dfrac{9\,ee_1\,a^2a_1^2\,Cos\,(w+w_1)}{16\,(a^2-a_1^2)^4}\,[A(a^2+a_1^2)-2\,Baa_1]+\dfrac{3\,aa_1\,e^2\,Cos\,2w}{16\,(a^2-a_1^2)^3}\,[B(2a_1^2-a^2)-A\,aa_1]\\[2mm] +\dfrac{3\,aa_1\,e_1^2\,Cos\,2w_1}{16\,(a^2-a_1^2)^3}\,[A\,aa_1-B(2a^2-a_1^2)] \end{array}\right\}$$

$$- \frac{aa_1\,B}{32\,(a^2-a_1^2)^2}\,[\gamma^4+\gamma_1^4+6\gamma^2\gamma_1^2-4\gamma\gamma_1\,(\gamma^2+\gamma_1^2)\,Cos\,(\theta-\theta_1)]+\frac{3\,aa_1\,[\gamma^2+\gamma_1^2-2\gamma\gamma_1\,Cos\,(\theta-\theta_1)]^2}{128\,(a^2-a_1^2)^4}$$

$$[3\,A\,aa_1\,(a^2+a_1^2)+2\,B(a^4+a_1^4-5a^2a_1^2)]$$

Le signe Σ indique que pour avoir la valeur de Q il faut faire la somme des expressions semblables, que l'on obtient en considérant toutes les planètes deux à deux.

§. 15. *Des inégalités séculaires.* En négligeant les puissances supérieures des excentricités et des inclinaisons, et en observant que $\frac{dQ}{d\varepsilon}$ est nul, les équations du §. 13 deviendront, en prenant la masse du soleil pour unité:

$$dh = \frac{1}{\sqrt{a}}\,\frac{dQ}{dl}\,dt \qquad dp = \frac{1}{\sqrt{a}}\,\frac{dQ}{dq}\,dt$$

$$dl = -\frac{1}{\sqrt{a}}\,\frac{dQ}{dh}\,dt \qquad dq = -\frac{1}{\sqrt{a}}\,\frac{dQ}{dp}\,dt$$

Or en ne prenant que les termes de seconde dimension en e et γ, on aura:

$$Q = \frac{1}{m}\Sigma\left\{ \frac{3\,mm_1\,aa_1\,B}{8\,(a^2-a_1^2)^2}\left[(p_1-p)^2+(q_1-q)^2-h^2-h_1^2-l^2-l_1^2\right]+\frac{3\,mm_1\,[A\,aa_1+2B(a^2+a_1^2)]}{4\,(a-a_1^2)^2}(hh_1+ll_1)\right\}$$

Par suite

$$\frac{dQ}{dl}=\frac{1}{m}\Sigma\left\{\frac{3\,mm_1\,l_1\,[A\,aa_1+2B(a^2+a_1^2)]}{4\,(a^2-a_1^2)^2}-\frac{3\,mm_1\,aa_1\,B\,l}{4\,(a^2-a_1^2)^2}\right\}$$

$$\frac{dQ}{dp}=\frac{1}{m}\Sigma\,\frac{3\,mm_1\,aa_1\,B\,(p-p_1)}{4\,(a^2-a_1^2)^2}$$

Posons avec Lagrange :

$$-\frac{3m_{\iota}\,a_{\iota}\,\sqrt{a}\,\mathrm{B}}{4(a^{2}-a_{\iota}{}^{2})^{2}} = (0,1) \quad \text{et} \quad -\frac{3m_{\iota}\,[\mathrm{A}aa_{\iota}+2\,\mathrm{B}(a^{2}+a_{\iota}{}^{2})]}{4(a^{2}-a_{\iota}{}^{2})^{2}\,\sqrt{a}} = [0,1]$$

nous aurons pour déterminer h, l, h_{ι}, l_{ι} etc., les équations diffé-rentielles linéaires suivantes:

$$\left.\begin{aligned}
\frac{dh}{dt} &= \{(0,1)+(0,2)+(0,3)+....\}l-[0,1]l_{\iota}-[0,2]l_{2}-[0,3]l_{3}-........\\[4pt]
\frac{dl}{dt} &= -\{(0,1)+(0,2)+(0,3)+....\}h+[0,1]h_{\iota}+[0,2]h_{2}+[0,3]h_{3}+.....\\[4pt]
\frac{dh_{\iota}}{dt} &= \{(1,0)+(1,2)+(1,3)+....\}l_{\iota}-[1,0]l-[1,2]l_{2}-[1,3]l_{3}-.....\\[4pt]
\frac{dl_{\iota}}{dt} &= -\{(1,0)+(1,2)+(1,3)+...\}h_{\iota}+[1,0]h+[1,2]h_{2}+[1,3]h_{3}+.....
\end{aligned}\right\} \quad (1)$$

et ainsi de suite.

Pour satisfaire à ces équations, on fera :

$$\begin{aligned}
h &= \mathrm{N}\,Sin(gt+\beta) & h_{\iota} &= \mathrm{N}_{\iota}\,Sin(gt+\beta)\\
l &= \mathrm{N}\,Cos(gt+\beta) & l_{\iota} &= \mathrm{N}_{\iota}\,Cos(gt+\beta)
\end{aligned} \quad \text{etc.}$$

et on aura les équations :

$$\mathrm{N}g = \mathrm{N}\{(0,1)+(0,2)+(0,3)+...\}-[0,1]\mathrm{N}_{\iota}-[0,2]\mathrm{N}_{2}-[0,3]\mathrm{N}_{3}-...$$
$$\mathrm{N}_{\iota}g = \mathrm{N}_{\iota}\{(1,0)+(1,2)+(1,3)+...\}-[1,0]\mathrm{N}-[1,2]\mathrm{N}_{2}-[1,3]\mathrm{N}_{3}-..$$
$$\mathrm{N}_{2}g = \mathrm{N}_{2}\{(2,0)+(2,1)+(2,3)+...\}-[2,0]\mathrm{N}-[2,1]\mathrm{N}_{\iota}-[2,3]\mathrm{N}_{3}-..$$

Ces équations en nombre égal à celui des planètes, fourniront une équation d'un degré égal à leur nombre, pour déterminer g; les co-efficients N, N_{ι}, N_{2} seront donnés au moyen de l'un d'eux, et si toutes les racines de l'équation sont réelles et inégales, on aura :

$$h = \mathrm{N}\,Sin(gt+\beta)+\mathrm{N}'\,Sin(g't+\beta')+\mathrm{N}''\,Sin(g''t+\beta'')+...$$
$$h_{\iota} = \mathrm{N}_{\iota}\,Sin(gt+\beta)+\mathrm{N}_{\iota}'\,Sin(g't+\beta')+\mathrm{N}_{\iota}''\,Sin(g''t+\beta'')+...$$
$$h_{2} = \mathrm{N}_{2}\,Sin(gt+\beta)+\mathrm{N}_{2}'\,Sin(g't+\beta')+\mathrm{N}_{2}''\,Sin(g''t+\beta'')+...$$

Les constantes sont doubles du nombre des planètes; ce sont d'abord N, N', N''.... qui déterminent N_{ι}, N_{2}, N_{ι}', etc.; puis β, β', β''.....

Les quantités $(0,1)$ et $(1,0)$ sont évidemment liées par la relation :

$$m\sqrt{a}\,(0,1) = m_{\iota}\,\sqrt{a_{\iota}}\,(1,0)$$

De même
$$m\sqrt{a}\,[0,1] = m_{\iota}\,\sqrt{a_{\iota}}\,[1,0]$$

Multiplions le système des équations (1) par les facteurs suivants :

la première équation par $m\sqrt{a}\,h$, la seconde par $m\sqrt{a}\,l$; la troisième par $m_i\sqrt{a_i}\,h_i$; la suivante par $m_i\sqrt{a_i}\,l_i$ et ainsi de suite; observons que $h\,dh+l\,dl=e\,de$, et ajoutons toutes les équations ainsi multipliées, il viendra:

$$m\sqrt{a}\;e\,de+m_i\sqrt{a_i}\;e_i\,de_i+m_2\sqrt{a_2}\;e_2\,de_2+\ldots=0$$

En intégrant, on obtient:

$$m\sqrt{a}\;e^2+m_i\sqrt{a_i}\;e_i{}^2+m_2\sqrt{a_2}\;e_2{}^2+\ldots=\text{Constante}$$

Comme les excentricités sont très-petites actuellement, la constante du second membre sera aussi très-petite, puisque toutes les planètes tournent dans le même sens, les radicaux doivent être pris tous avec le même signe, car ils proviennent du moyen mouvement $\dfrac{1}{\sqrt{a^3}}$; il s'ensuit donc que les excentricités des orbites resteront toujours très-petites.

Quant à la longitude du périhélie, elle peut passer par tous les états de grandeur, et l'axe des apsides pourra prendre toutes les positions autour du foyer.

Les variations séculaires étant très-lentes, on peut supposer pendant un temps assez long $h,\,l,\,h_i,\,l_i$, constants dans la valeur de $\dfrac{dh}{dt},\dfrac{dl}{dt}$ etc., et par suite dans celle de $\dfrac{de}{dt}$. Cette dernière s'obtient facilement au moyen des précédentes; en effet, on a $e\,de=h\,dh+l\,dl$; par suite:

$$\frac{de}{dt}=[0,1]\,e_i\,Sin(\varpi_i-\varpi)+[0,2]\,e_2\,Sin(\varpi_2-\varpi)+\ldots$$

On peut différentier cette valeur en mettant à la place $\dfrac{de_i}{dt},\dfrac{d\varpi}{dt}$, $\dfrac{d\varpi_i}{dt}$ etc. leurs valeurs, et l'excentricité e peut se mettre sous la forme:

$$e+t\frac{de}{dt}+\frac{1}{2}t^2\frac{d^2e}{dt^2}$$

Il est inutile d'avoir égard aux puissances supérieures de t dans la comparaison avec les observations les plus anciennes qui nous sont parvenues.

53

On aura de même :

$$\frac{d\varpi}{dt} = (0,1) + (0,2) + \ldots - [0,1]\frac{e_{i}}{e}Cos\,(\varpi_{i} -\varpi) - [0,2]\,Cos\,(\varpi_{a} -\varpi)\frac{e_{2}}{e} - \ldots$$

Des calculs semblables donneront les inégalités séculaires des inclinaisons et des lignes des nœuds. On aura :

$$\frac{dp}{dt} = (0,1)(q_{i}-q) + (0,2)(q_{a}-q) + (0,3)(q_{3}-q) + \ldots$$

$$\frac{dq}{dt} = (0,1)(p-p_{i}) + (0,2)(p-p_{a}) + (0,3)(p-p_{3}) + \ldots$$

$$\frac{dp_{i}}{dt} = (1,0)(q-q_{i}) + (1,2)(q_{a}-q_{i}) + (1,3)(q_{3}-q_{i}) + \ldots$$

On intégrera encore ce système d'équations comme celles qui précèdent, en posant $p = N\,Sin\,(gt+\beta)$, $q = N\,Cos\,(gt+\beta)$, etc.

On peut en obtenir quelques intégrales directement; en effet, multiplions la première équation par $m\sqrt{a}$, la troisième par $m_{i}\sqrt{a_{i}}$ la cinquième par $m_{a}\sqrt{a_{a}}$, et ajoutons, il viendra :

$$m\sqrt{a}\,dp + m_{i}\sqrt{a_{i}}\,dp_{i} + m_{a}\sqrt{a_{a}}\,dp_{a} + \ldots = 0$$

Par suite en intégrant :

$$m\sqrt{a}\,p + m_{i}\sqrt{a_{i}}\,p_{i} + m_{a}\sqrt{a_{a}}\,p_{a} + \ldots = \text{Constante}$$

De même

$$m\sqrt{a}\,q + m_{i}\sqrt{a_{i}}\,q_{i} + m_{a}\sqrt{a_{a}}\,q_{a} + \ldots = \text{Constante}$$

Il est encore facile d'arriver, comme dans le calcul précédent, à l'intégrale :

$$m\sqrt{a}\,(p^{2}+q^{2}) + m_{i}\sqrt{a_{i}}\,(p_{i}^{2}+q_{i}^{2}) + m_{a}\sqrt{a_{a}}\,(p_{a}^{2}+q_{a}^{2}) + \ldots = \text{Constante}$$

On aura maintenant facilement les variations différentielles des nœuds et des inclinaisons. En effet, on a $pdp + qdq = \gamma d\gamma$; par suite :

$$\gamma\frac{d\gamma}{dt} = (0,1)(pq_{i}-p_{i}q) + (0,2)(pq_{a}-p_{a}q) + \ldots$$

ou bien $\qquad \dfrac{d\gamma}{dt} = (0,1)\gamma_{i}\,Sin\,(\theta-\theta_{i}) + (0,2)\gamma_{a}\,Sin\,(\theta-\theta_{a}) + \ldots$

Puis

$$q\,dp - p\,dq = \gamma^{2}d\theta = (0,1)(pp_{i}+qq_{i}-p^{2}-q^{2}) + (0,2)(pp_{a}+qq_{a}-p^{2}-q^{2}) + \ldots$$

Donc

$$\frac{d\theta}{dt} = -[(0,1)+(0,2)+(0,3)+\ldots] + \frac{\gamma_{i}}{\gamma}(0,1)Cos(\theta-\theta_{i}) + \frac{\gamma_{a}}{\gamma}(0,2)Cos(\theta-\theta_{a}) +$$

Il est à remarquer que l'équation en g, qui doit déterminer les valeurs de p et de q, a toujours une racine nulle, et que par conséquent les valeurs de ces variables seront de la forme :

$$p = N\,Sin\,\beta + N'\,Sin(g't+\beta') + N''\,Sin(g''t+\beta'') + \ldots$$
$$q = N\,Cos\,\beta + N'\,Cos(g't+\beta') + N''\,Sin(g''t+\beta'') + \ldots$$

Le nombre des constantes arbitraires du système n'est pas diminué.

Si l'on ne considère que deux planètes, et que l'on prend pour plan des xy celui de la planète m_i, on aura $\gamma_i = 0$, par suite $\dfrac{d\gamma}{dt} = 0$: l'inclinaison des deux plans sera donc constante; ensuite $\dfrac{d\theta}{dt} = -(0,1)$: ainsi $(0,1)$ est la vitesse rétrograde du nœud de la planète m sur l'orbite de la planète m_i regardée comme fixe.

Les intégrales des équations ci-dessus ne sont exactes qu'autant que les excentricités et les inclinaisons sont très-petites. Il importait donc de démontrer directement que ces éléments ne peuvent jamais acquérir une grande valeur. C'est ce que POISSON a fait (Journal de l'École polytechnique, tome VIII, 15.ᵉ cahier), en partant de l'équation des aires. En ne considérant que deux planètes, cette équation est :

$$m(M+m_i)(ydx-xdy)+m_i(M+m)(y_i dx_i - x_i dy_i)+mm_i(xdy_i - y_i dx + x_i dy - ydx_i) = Cdt$$

Soient α et α_i les inclinaisons de l'orbite sur le plan des xy, on aura :

$$ydx-xdy = \sqrt{\mu a(1-e^2)}\,Cos\,\alpha\,dt,\quad y_i dx_i - x_i dy_i = \sqrt{\mu_i a_i(1-e_i^2)}\,Cos\,\alpha_i\,dt;$$

Posons $\mu = M+m = a^3 n^2,\ \mu_i = M+m_i = a_i^3 n_i^2$, il viendra :

$$ma^2 a_i^3 nn_i^2 \sqrt{1-e^2}\,Cos\,\alpha + m_i a_i^2 a^3 n_i n^2 \sqrt{1-e_i^2}\,Cos\,\alpha_i = mm_i\left(C + \frac{ydx_i - xdy_i}{dt} + \frac{y_i dx - x_i dy}{dt}\right)$$

En négligeant les termes périodiques et les quantités du quatrième ordre par rapport aux masses mm_i, on aura, puisque $a,\,a_i,\,n,\,n_i$ sont constantes :

$$ma_i n_i \sqrt{1-e^2}\,Cos\,\alpha + m_i an\sqrt{1-e_i^2}\,Cos\,\alpha_i = C \qquad ; \text{ de même}$$
$$ma_i n_i \sqrt{1-e^2}\,Cos\,\beta + m_i an\sqrt{1-e_i^2}\,Cos\,\beta_i = C_i$$
$$ma_i n_i \sqrt{1-e^2}\,Cos\,\gamma + m_i an\sqrt{1-e_i^2}\,Cos\,\gamma_i = C_2$$

Soit δ l'angle des plans des deux orbites, on aura en ajoutant les carrés de ces 3 équations :

$$m^2 a_i{}^2 n_i e^2 + m_i{}^2 a^2 n^2 e_i{}^2 - 2 m m_i \, a a_i \, n n_i \sqrt{(1-e^2)(1-e_i{}^2)}\, \cos\delta = \text{Constante}$$

Or $-\sqrt{1-e^2} = \dfrac{e_i{}^2}{1+\sqrt{1-e^2}} - 1$; $-\sqrt{1-e_i{}^2} = \dfrac{e^2}{1+\sqrt{1-e_i{}^2}} - 1$; $-\cos\delta = \dfrac{\mathit{Sin}^2\delta}{1+\cos\delta} - 1$

donc

$$m^2 a_i{}^2 n_i{}^2 e^2 + m_i{}^2 a^2 n^2 e_i{}^2 + 2 m m_i \, a a_i \, n n_i \left(\frac{e^2\sqrt{1-e_i{}^2}\,\cos\delta}{1+\sqrt{1-e^2}} + \frac{e_i{}^2 \cos\delta}{1+\sqrt{1-e_i{}^2}} + \frac{\mathit{Sin}^2\delta}{1+\cos\delta} \right) = k$$

Puisque toutes les planètes tournent dans le même sens, δ est plus petit que $90°$; δ restera donc toujours fort petit, ainsi que e^2 et $e_i{}^2$, parce que k a une petite valeur.

La théorie des variations séculaires est très-importante en astronomie, car c'est au moyen d'elle que l'on peut apprendre à connaître la vraie valeur des masses des planètes qui n'ont pas de satellites. En effet, les coefficients $(o, 1)$, $[o,1]$, $(o, 2)$, $[o, 2]$ etc. peuvent se mettre sous la forme $m_i\, k_i$, $m_2\, k_2$, $\ldots$; k_i et k_2, ne dépendant que des grands axes, peuvent être connus avec une grande approximation.

Les valeurs de $\dfrac{de}{dt}$, $\dfrac{d^2 e}{dt^2}$ par exemple se mettront donc sous la forme :

$$\frac{de}{dt} = \mathrm{A}' m_i + \mathrm{A}'' m_2 + \mathrm{A}''' m_3 + \ldots\ldots$$

$$\frac{1}{2}\frac{d^2 e}{dt^2} = \mathrm{B}' m_i + \mathrm{B}'' m_2 + \mathrm{B}''' m_3 + \ldots\ldots$$

Après que l'on y aura substitué pour e, ϖ, e_i, ϖ_i, leurs valeurs pour une époque determinée, A', A''.. B', B''.. seront des coefficients connus. Les observations devront tendre à faire connaître aussi exactement que possible les variations séculaires des excentricités :

$$\delta e = \frac{de}{dt}\, t + \tfrac{1}{2}\frac{d^2 e}{dt^2}\, t^2 = m_i\,(\mathrm{A}'t + \mathrm{B}'t^2) + m_2\,(\mathrm{A}''t + \mathrm{B}''t^2) + \ldots$$

$$\delta e_i = \frac{de_i}{dt}\, t + \tfrac{1}{2}\frac{d^2 e_i}{dt^2}\, t^2 = m\,(\mathrm{A}_i\, t + \mathrm{B}_i\, t^2) + m_2\,(\mathrm{A}_i{}''\, t + \mathrm{B}_i{}''\, t^2) + \ldots$$

C'est de la comparaison de ces équations en nombre égal à celui des planètes, que l'on pourra tirer avec le plus de certitude les valeurs exactes des masses des planètes qui n'ont pas de satellites. Mais il faut que les observations soient prolongées encore pendant un grand nombre d'années, à cause de la lenteur des variations séculaires et à cause de l'imperféction des instruments des anciens astronomes, qui ne leur permettait pas de faire des observations assez exactes pour servir à cet objet.

FIN.

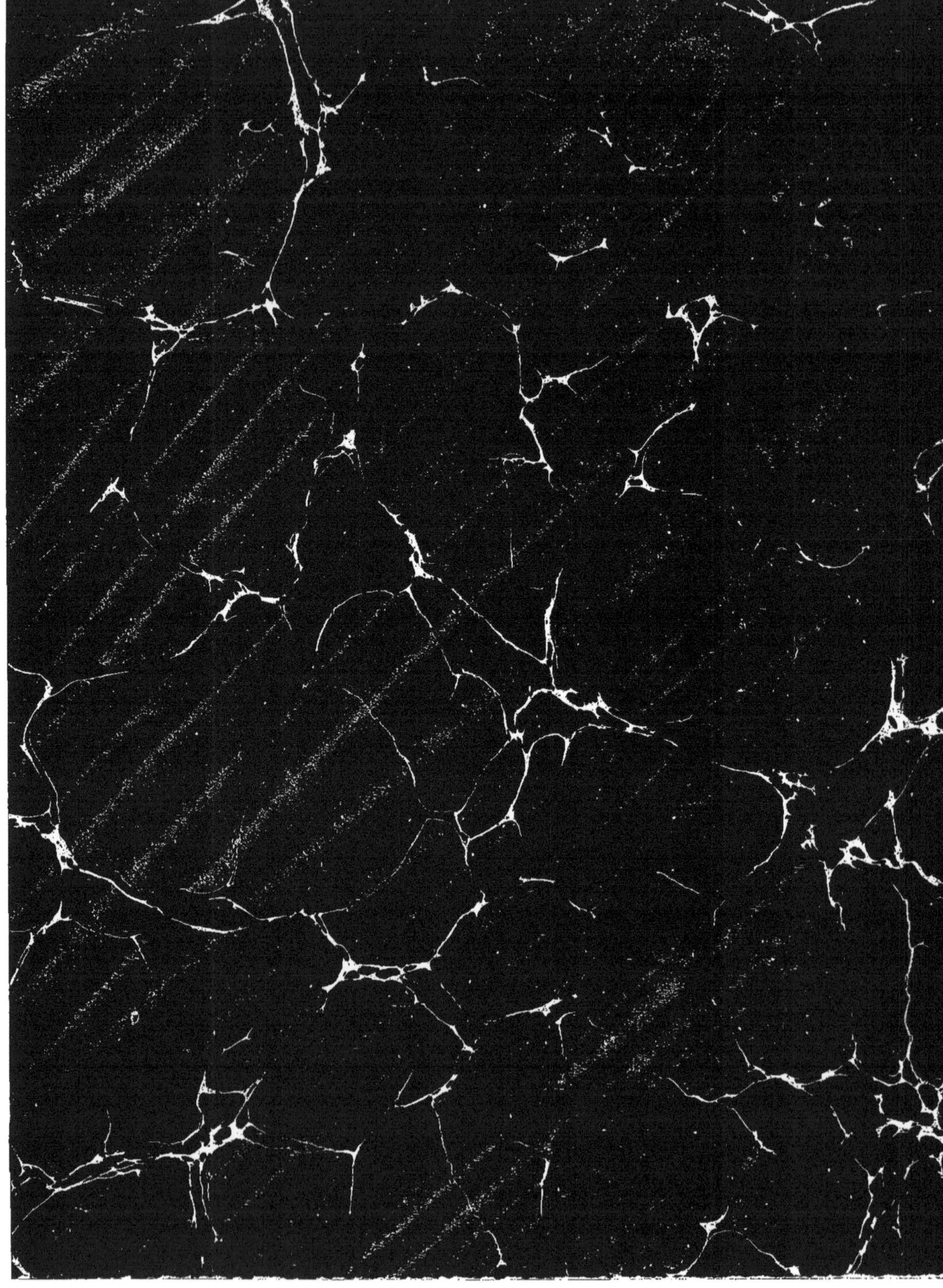

www.ingramcontent.com/pod-product-compliance
Ingram Content Group UK Ltd.
Pitfield, Milton Keynes, MK11 3LW, UK
UKHW021215230726
13926UKWH00003B/1029